艺术设计名家特色精品课程

设计心理学 （升级版）
DESIGN PSYCHOLOGY

柳沙 / 著

上海人民美術出版社

图书在版编目（CIP）数据

设计心理学（升级版）/柳沙 著.—上海：上海人民美术出版社，2016.4（2024.8重印）
艺术设计名家特色精品课程
ISBN 978-7-5322-9709-2

Ⅰ.①设... Ⅱ.①柳... Ⅲ.①工业设计－应用心理学－高等学校－教材 Ⅳ.①TB47-05

中国版本图书馆CIP数据核字（2015）第280759号

艺术设计名家特色精品课程

设计心理学（升级版）

编　著：柳　沙
主　编：许　平　李　新
责任编辑：丁　雯
流程编辑：孙　铭
封面设计：洪　展
技术编辑：史　湧
出版发行：上海人民美术出版社
　　　　　（地址：上海市闵行区号景路159弄A座7F　邮编：201101）
印　　刷：上海丽佳制版印刷有限公司
开　　本：787×1092　1/16　14.25印张
版　　次：2016年4月第1版
印　　次：2024年8月第17次
书　　号：ISBN 978-7-5322-9709-2
定　　价：58.00元

序　言

　　设计心理学是一门设计艺术学与心理学交叉的新兴学科，自 21 世纪开端伊始，便在国内广受关注，而又争议颇多。目前国内外此类书籍仍旧不多，仅有的几本也以教材为主，且其中尚无相关的工业心理学、人机工程学等学科较为普遍、通用的权威教材。设计心理学领域的各位学者均以各自知识背景和实践经验出发，构建学科体系，提炼学科理论和知识。究竟什么是设计心理学？设计心理研究什么？目前尚无定论，但我以为这并不是问题。因为设计心理学的繁荣来自"需要"，一方面是设计学学者和设计师提高设计学的理性与科学性的需要，另一方面来自大环境下对人性、人的本质需求，以及人们改善自身生存环境的需要。

　　正如设计心理学基本来源之一的"心理学"，虽然从其母体——哲学中分离不过百余年（以 1879 年冯特建立世界上第一座心理实验室标志现代心理学的建立），却已派生出格式塔心理学、精神分析心理学、人本主义心理学、认知心理学等若干流派，普通心理学、发展心理学、工业心理学、实验心理学、生理心理学、社会心理学等诸多分支学科（跨越人文、社会和自然科学领域），不同流派观点差别显著，同一学派的学者对同一问题的看法也有差异，这种学科状况似乎距离"普遍真理"尚有很远的距离，心理学的科学性因此频频受到挑战。但不论这些学派、理论如何展开争鸣，它们却均能为部分（都不是全部）心理现象找到最合理的诠释，并相互形成补充。更重要的是，它们使我们逐渐认识和了解最复杂的系统——人类自身，为人类生活、工作甚至社会的发展提供有效的指导。我想，这才正是心理学，包括设计心理学存在并逐步发展壮大的本质根源。

　　可视为应用心理学分支之一的设计心理学面临着更为含混的、无定论的现状，甚至设计艺术学本身作为新兴学科、交叉学科的学科属性，又进一步强化了设计心理学体系和理论尚不统一的学科属性。学者们的研究取向大致可以分为三类：一些学者将设计心理单纯理解为工业心理学、人体工程学在设计领域的分支和延伸，以认知心理学的"信息加工理论"作为其最基本理论依据，将提高物品的易用性、效率和易学性作为其研究的核心；一些学者将设计心理看做消费心理学在设计中的应用，研究者在了解普通心理学常识的基础上，侧重以市场调研的方式明确消费者的需求；第三类则将设计心理学当做审美心理的一个部分，学者们更关注设计的审美情感以及设计师（艺术家）的创造的潜在动因，受格式塔心理学、精神分析心理学、人本主义心理学等偏人文的心理学流派的影响较深。并且，随着人工智能技术的发展，即利用机器模拟人的感知觉和认知判断形成了设计、心理学、生理学和信息科学等学科的交叉点，设计心理学科的新热点和突破点正在显现。目标是明确的，学界内外的人们对设计心理的关注，归根结底在于期待将设计心理学作为一种理解设计和人类造物本质的工具和方式。因而，我以为设计心理学应定位为设计学科的一门工具学科，它运用心理学中经受检验、相对稳定的原理解读设计中的现象，帮助设计者更好地认识其设计目标人群与设计相关的心理现象和行为，起到改善和辅助设计的作用；同时增强设计者对自身的思维过程和创造能力的了解和认识，提高其设计能力。

2006年，在硕、博士阶段学习和研究的基础上，我出版了第一本设计心理方面的著作——《设计艺术心理学》。这是一本理论性的艺术设计学教材，其内容重基础且更全面，期望为读者提供尽可能多的设计心理学的基础知识和研究方法，试图勾勒出"设计心理学"这一新兴交叉学科的全貌。在这一阶段中，我逐步将设计心理的内容总结为设计师（主体）心理和设计对象（用户或消费者）心理两类，并且基于设计的目的性（实用性和情感体验），一切设计的核心最终可概括为"使用"与"情感"，因此我将设计心理研究的重点归结为——提高可用性和有目的的情感体验。重点被提炼出来后，我开始设想在这两个方面开展进一步的深入探讨，并以设计实践和教学进行印证。

接下来两年的教师工作为我提供了适当的平台，在教学和设计实践中，我有意识地留意各类设计活动中的心理现象，按照设计心理原理分析和解读设计，并陆续开展一些实证研究。2008年春，在上海人民美术出版社的大力支持下，我终于撰写完成了第二本著作《设计心理学》，这本书更强调经典性和实践性，精练篇幅、突出重点。全书在提炼出设计心理中最重要、经典理论的基础上，利用大量案例和图片加以说明和验证，并收录了本人近期的一些研究，如第三章基于"特征说"的基本形式特征分析，这种方式提供了一种新的提取设计知识的方法；第四章中运用量表和统计的方式验证人们对产品造型的情感体验，提供了运用定量方式进行设计心理研究的范例等。

　　《设计心理学》共有六章，第一章"设计心理学概述"，梳理了设计心理学的历史和现状，着重介绍近年来设计心理最活跃的几个领域——可用性工程设计、情感设计和感性工学等。第二章"设计中的感觉与知觉"将重点落在与视觉艺术息息相关的"感知觉"现象上，通过大量案例，深入浅出地破解设计中的感觉（特别是视觉）与知觉。认知心理学是近年最重要的心理学流派，其理论大量运用于智能系统设计和人机交互设计中，是心理学与信息科学结合的重要依据。第三章"认知与学习"基于"信息加工理论"，将原型、特征、图式、表象、记忆等重要原理与设计实践相结合，围绕"提高设计可用性"的主题进行深入探讨。第四章和第五章聚焦于设计中的情感，一方面对情绪和情感这一复杂心理现象进行科学解读，另一方面着眼于设计现象，总结出设计中常用的情感激发方式和表现形式。最后，设计心理不仅仅是针对设计对象的心理分析和研究，它同样涉及设计者自身特殊的心理现象，第六章"设计思维与设计师心理"重点对此展开分析，使从事设计活动的读者能从更客观的角度看待"神秘"的创意和灵感，有助于其了解和改善自身的思维过程和心理状态。我期望这本书能帮助读者在掌握基本心理学原理的基础上，以心理学的视角、定性与定量相结合的心理学研究方法分析和对待物品和环境，切实使设计心理学成为一种理解设计、辅助设计的强大工具和手段。

最后，感谢那些帮助我完成本书的人们，中国农业大学工学院的领导和同事，他们为我提供了宽松的工作和研究环境；我的学生们，他们协助我开展了各项实践和研究；以及我的导师李砚祖教授、赵江洪教授、中央美院许平教授等诸位师长，他们的教诲是我成长的基础，感谢我的亲人、朋友和一切帮助我的人。

柳 沙

2008 年 1 月

目 录
C o n t e n t s

作 者 简 介

柳沙：湖南长沙人，清华大学美术学院设计艺术学博士。主要从事工业设计、设计艺术学理论、设计艺术心理学、人机工程学等领域研究，编著出版《设计艺术心理学》，译著《标牌与标识——环境中的标识语言》，曾在《文艺研究》、《装饰》、《艺术与科学》等重要期刊、丛书上发表学术论文。

第一章
Chapter1

设计心理学概述
——作为一门设计科学的设计心理学

人是万物的尺度，是存在的事物存在的尺度，也是不存在的事物不存在的尺度。

——[古希腊]普罗太哥拉[1]

1.1 设计心理学的概念和研究现状

设计心理学是一门崭新的学科，以往对它明确作出界定的学者并不算多，如果梳理一下设计或相关领域中与心理学相关的研究和内容，便发现由于设计心理学显著的学科交叉性和边缘性，其主要内容往往来自其他学科或设计实践中的相关研究和实践经验，包括生理学、心理学、美学、人机工程学、信息科学、艺术学等，而这些学科又往往相互交叉和渗透，形成了一个错综复杂的相关网络，设计心理的相关内容目前尚未形成一个有秩序的、脉络清晰的整体，而是零星分散于各学科和领域之中。不像纯艺术学科的心理学研究相对发展得较为成熟和完整，出现了一些专业的艺术心理学家，现在我们还很难找到一位明确定义为设计心理学家的学者[2]，各位设计心理的相关学者基本从其专业领域出发展开研究，从不同角度、不同学科背景下进行多种尝试，提出了多样性的观点。

历史上，从古代哲人到后来美学家、审美心理学（心理美学）家、艺术

---

1 北京大学哲学系（外国哲学史教研室）:《古希腊罗马哲学》，三联书店，1957 年版，第 138 页。
2 可能有若干学者的研究与设计心理相关度较高，例如美国学者认知心理学唐纳德·A.诺曼或可用性设计专家杰克博·尼尔森(Jakob Nielsen)等，他们作为受过专业心理学训练的学者，主要从事与设计相关的心理学研究，但并没有直接被称为设计心理学家。

心理学家、文艺心理学家或美术心理学家都曾尝试从意识、情感、体验等心理的角度研究审美以及创造美的心理过程、个性心理及其规律，如果我们仅将设计之物视为纯粹的美学关照对象时，这些研究成果自然也同样适用于艺术设计领域。但是设计毕竟不完全同于纯艺术，其"目的性"、"实用性"的本质属性使其背后的心理过程和现象比纯艺术更错综复杂，设计师在设计物品（包括图像）时不可能仅考虑其审美、符号、意味、文化性等因素，还必须考虑其作为有用之物，相应产生的心理现象和过程。这种双重性令我们对设计心理的考查，上可追溯至最早的对审美体验的思辨，但真正形成所谓的"设计心理"，则必须从"设计"作为一门独立的学科加以研究的时候开始。

最早奠定设计心理研究基础，使设计领域的学者和设计师开始关注设计——人工事物创造过程中的心理现象的学者之一是美国人工智能专家、认知心理学家——赫伯特·A.西蒙，他是最早明确提出设计是一门关于人工造物的学科的学者，从而使设计学领域开始将设计作为一种复杂的思维活动的过程加以关注。正是这一方向，使设计脱去了上帝造人般的神秘面纱，其本质简化为一种"问题求解"的过程，即在复杂情境下的不断作出决策的思维活动。他认为设计可以"作为一门人技科学的心理学"，对设计的论述聚焦于设计思维，他不仅解释出了"人工智能"的基本原理，并为我们打开了科学地探索设计活动本质的大门——即一个人在复杂环境下对信息的加工处理，根据有限条件作出判断和决策的过程。西蒙虽然没有明确提出所谓的"设计心理"，但他的所有设计理论均以思维过程和方式为基础，他敏锐地提出了一切人工事物（包括艺术）创造过程中，貌似毫无关联的"激发情感"与"实现原理（技术）"交叉的关键点："评价—寻找备选方案—表现"的决策过程。因而，我们应将他作为设计心理学形成的重要奠基人之一 [1]。

目前而言，对设计心理研究最系统、全面的学者应首推美国西北大学计算机技术系教授，认知科学和心理学家唐纳德·A.诺曼。20世纪80年代他撰写了 *The Design of Everyday Things*（国内翻译为《设计心理学》），这是西方"可用性"设计的先声，他在书的序言中写道，"本书侧重于研究如何使产品的设计符合用户的需要"，"重点在于研究如何设计出用户看得懂、知道怎么用的产品"。这可以看做是他所谓的"物质心理学"的定义。他提出关于日用品设

---

1 [美]司马贺（赫伯特·A.西蒙）：《人工科学——复杂性面面观》，武夷山译，上海科技教育出版社，2004年版，第127页。西蒙在《人工科学》第三版序言中提及，第三、四章主要讨论认知心理学对人类思维活动的解释，第五六章"设计科学"则主要讨论的人工造物思维过程，这恰恰是设计心理的核心问题。这一版书中，西蒙除了从思维的角度讨论了各种求解活动，他还专门提出了"设计在精神生活中的作用"，虽然他并没有给出详细的分析，但认为即使艺术与科学作为不同领域存在一定差异和特殊性，但作为"设计问题"，两者面临的问题具有相当的共性。

计的原则"构成了心理学的一个分支——研究人和物互相作用方式的心理学"，"这是一门研究物品预设用途的学问，预设用途是指人们认为具有的性能及实际上的性能，主要是指那些决定物品可以作何用途的基本性能……"[1] 诺曼将认知原理应用于日常生活中，以提高产品的可用性，降低因物品而导致错误和事故的发生率，以改善人们日常生活的质量，一时之间，所谓的"诺曼门"、"诺曼开关"成为了那些设计拙劣产品的代名词。并且，诺曼的研究在欧美逐渐发展成了一门围绕提高"可用性"的专门学科，包括以研究物品在使用方面的品质为核心的"可用性工程"，以及以提高可用性为目的的"可用性设计"。

　　诺曼虽然率先关注于产品的可用性，但他同时提出不能因为追求产品的易用性而牺牲艺术美，他认为设计师应设计出"具有创造性又好用，既具美感又运转良好的产品"。2004 年，他又发表了第二部重要的设计心理学著作《情感化设计》(Emotional Design)，这次，他将注意力转向了设计中最神秘、最重要的内容之一——情感和情绪，作为一名认知心理学家，他仍旧运用了认知心理学原理解释了情感对于用户（消费者）的作用，以及其产生的生理、心理方面的原因。他根据人脑信息加工的三种水平，将人们对于产品的情感体验从低到高分为三个阶段：本能水平的设计，行为水平的设计，反思水平的设计。其中"本能水平"是人类的一种本能的、生物性的反应；"反思水平"是有高级思维活动参与，以记忆、经验等控制的反应；而"行为水平"则介于两者之间。他提出三种阶段对应于设计的三个方面，其中本能水平对应"外形"；行为水平对应"使用的乐趣和效率"；反思水平对应"自我形象、个人满意、记忆"[2]。

　　与诺曼相关的一位学者是毕业于丹麦技术大学（Technical University of Denmark）的人机交互专家杰克博·尼尔森 (Jakob Nielsen)，他与诺曼等人组成了尼尔森—诺曼小组（Nielsen Norman Group），共同在全球范围内推广可用性设计和设计心理学的理论和测试方法。随着近年来信息科学的蓬勃发展，他们的理

图 1-1　尼尔森（左）和诺曼（右）[3]。

1 [美]唐纳德·A.诺曼：《设计心理学》，梅琼译，中信出版社，2003 年版，第 10 页。
2 [美]唐纳德·A.诺曼：《情感化设计》，付秋芳、程进三译，电子工业出版社，2005 年版，第 21 页。
3 http://www.useit.com，尼尔森—诺曼小组网站。

图1-2　诺曼著作在国内的译本：《设计心理学》和《情感化设计》。

念得到了包括中国在内的多个国家的企业和设计界的关注，并且运用于不少公司企业的产品开发项目中[1]。（图1-1）

如果说诺曼的"诺曼门"、"诺曼把手"使人们开始广泛关注日用产品的可用性问题，那么尼尔森的主要贡献则体现在互联网和人机界面的可用性设计上，为此媒体评价他为"网页可用性的领袖"（《纽约时报》）、"世界最重要的网页可用性专家之一"（《商业周刊》）。尼尔森撰写的与用户交互、网页设计相关的著作众多，主要包括《网站优化：通过提高Web可用性构建用户满意的网站》（*Prioritizing Web Usability*，2006年）[2]、《Web可用性设计》[3]、《可用性工程》（*Usablity Engineering*，1994年）[4]、《专业主页设计技术——50佳站点赏析》（2001年）[5]、《设计网络可用性：简化的实践》（2001年）、《国际用户界面》（1996年）、《多媒体与超文本》（1995年）等。以上两位学者将认知心理学、人机交互理论用于物品、界面设计中，改进人工物的性能，他们以及其他一些可用性工程和人机工程学专家为全世界打开了一扇以科学研究改进设计的大门。

我国学者直接提出设计心理学，并对其加以系统研究应从2001年计起，之前不少院校也在设计教学体系中加入心理学课程，但主要以艺术心理学（美术心理学或美学）作为主题。2001年江南大学教师李彬彬出版了国内第一本《设计心理学》教材，其中对设计心理学的定义如下：

设计心理学是工业设计与消费心理学交叉的一门边缘学科，是应用心理学的分支，它是研究设计与消费者心理匹配的专题。设计心理学是专门研究在工业设计活动中，如何把握消费者心理，遵循消费行为规律，设计适销对路的

1　诺曼曾担任苹果计算机的设计专家，尼尔森则从1994年到1998年一直担任太阳软件公司的首席工程师。
2　[美]奈尔逊、珞拉格尔：《网站优化：通过提高Web可用性构建用户满意的网站》，张亮等译，电子工业出版社，2007年版。
3　[美]杰克博·尼尔森：《Web可用性设计》，潇湘工作室译，人民邮电出版社，2000年版。
4　[美]杰克博·尼尔森：《可用性工程》，刘正捷译，北京机械工业出版社，2004年版。
5　[美]杰克博·尼尔森：《专业主页设计技术——50佳站点赏析》，孙学涛等译，人民邮电出版社，2002年版。

产品，是最终提升消费者满意度的一门学科[1]。（图 1-2）

可以看出，最初的国内学者还是从消费者心理的角度理解设计心理学，关注如何借设计心理研究改善设计，提高设计之物的市场竞争力，对同样为设计心理重要一环的设计师的心理则基本未曾提及。但这本书的引导作用是非常明显的，它和国内编译出版的诺曼的《设计心理学》一起引发国内设计界的广泛关注，并形成了一波设计心理研究的高潮。从 2002 年到 2007 这年 5 年间，国内相继出版了 5 至 6 本设计心理学著作。其中主要有赵江洪《设计心理学》（2004 年）[2]，李乐山《工业设计心理学》（2004 年）[3]，任立生《设计心理学》（2005 年）[4]，杨星星、宋艳菊《设计心理学》（2005 年）[5]，柳沙《设计艺术心理学》（2006 年）[6]，张成忠、吕屏《设计心理学》（2007 年）[7]。短短几年间，多位学者撰写同一主题的著作，充分反映了我国学者和设计从业者对设计中的心理现象的关注，也表明了心理学研究对设计学科的建立，设计实践发展有着极其重要的作用。

各位学者分别基于各自的知识背景和不同观点对设计心理学这一新兴学科进行了深入的探讨，其他对设计心理的定义还包括：

设计心理学属于应用心理学范畴，是应用心理学的理论、方法和研究成果，解决设计艺术领域与人的"行为"和"意识"有关的设计研究问题[8]。这一定义较为宽泛，提出设计心理包含设计艺术领域中的所有心理现象和过程，研究者应筛选出心理学各方面的相关知识，以用来分析和解决设计艺术领域中的问题。

设计艺术心理学是设计艺术学与心理学交叉的边缘科学，它既是应用心理学的分支，也是艺术设计学科中的重要组成部分。设计艺术心理学是研究设计艺术领域中的设计主体和设计目标主体（消费者或用户）的心理现象，以及影响心理现象的各个相关因素的科学[9]。

这一定义则明确提出了"相关因素"的作用，强调对设计艺术领域中人的心理与行为产生影响的环境因素，它包括物理环境和社会（文化）环境，正如西蒙所说的"一个被视为行为系统的人……其行为随时间变化的表面复杂性，在很大程度上，乃是其所处环境复杂性的反映"的观点，一切心理现象的产生都是外因作用于内因再反馈于外界的过程，也即是认知心理学中的标准的输入—加工处理—输出的过程，环境、情境的影响必须被作为考察主体心理现象

1 李彬彬：《设计心理学》，中国轻工业出版社，2001 年版。
2 赵江洪编著：《设计心理学》，北京理工大学出版社，2004 年版。
3 李乐山：《工业设计心理学》，高等教育出版社，2004 年版。
4 任立生：《设计心理学》，化工大学出版社，2005 年版。
5 杨星星、宋艳菊：《设计心理学》，国防科技大学出版社，2005 年版。
6 柳沙编著：《设计艺术心理学》，清华大学出版社，2006 年版。
7 张成忠、吕屏：《设计心理学》，北京大学出版社，2007 年版。
8 赵江洪编著：《设计心理学》，北京理工大学出版社，2004 年版，第 1 页。
9 柳沙编著：《设计艺术心理学》，清华大学出版社，2006 年版，第 2 页。

和行为的一个重要依据。

此后，李彬彬、李乐山等较早从事设计心理学研究的学者又在其总体概述的基础上，对这一新兴科学进行细分的深入讨论。如李彬彬于 2005 年出版了这一主题的第二本著作《设计效果心理评价》（2005 年）[1]，李乐山等撰写了《设计调查》（2007 年）[2]。无独有偶，两位学者都直接聚焦于利用调查问卷等定量研究方法对设计心理进行科学、理性的评估，这表明国内学者正试图将设计心理推向定量的现代科学研究之路。

与此同时，2005 年以来，诺曼和尼尔森等人提出并推广的可用性工程和可用性测试的理论和方法随着人机界面设计的发展日益普及开来，并在 20 世纪 90 年代末，由微软、IBM、西门子等著名跨国信息技术公司的研发部率先带入中国，联想、阿里巴巴、百度、中兴等国内科技公司也相继跟进，招聘社会学、心理学和设计学的相关人才，建立用户研究团队。部分国内学者也注意到了这一趋势，在国内组建相关实验室，展开相关研究，例如中国科学院心理学所成立了可用性实验室，大连海事大学成立了中国欧盟可用性研究中心（Sino European Usability Center – SEUC）等。2000 年大连海事大学成立的中国欧盟可用性研究中心是国内第一个可用性工程中心，在中国推广可用性理念和可用性工程实践，其理论研究和实践主要针对软件、网站等界面的人机交互性的改善和提高[3]。该中心建立后，从 2005 年至 2006 年，组织在国内主要中心城市成功举办了"四轮中国欧盟产品易用性（可用性）设计巡讲"，使"可用性"、"易用性"的概念深入人心，这也是国内近 5 年来设计心理学发展的繁荣局面的原因之一。

1.2 设计心理学的研究对象和研究范畴

人的心理是一个典型的黑箱[4]。任何心理学研究都不可能直接观测到心理现象产生和发展的过程，而仅能凭借主体的外显行为、现象来推测其心理机制，设计心理学也不例外，并且由于其学科属性，其研究应围绕与设计活动相关的主体行为来进行。

1 李彬彬：《设计效果心理评价》，中国轻工业出版社，2005 年版。
2 李乐山：《设计调查》，中国轻工业出版社，2007 年版。
3 要了解该中心的具体细节，可参见该中心主页 http://usability.dlmu.edu.cn/chinese/zxjs.htm。
4 "黑箱"（Black box），是指那些既不能打开，又不能直接观察到其内部状态的系统。心理学是研究心理现象的科学，心理现象是大脑的机能，它丰富多彩，异常复杂。即使现代的科学技术高度发达，但人们对自身的了解仍然少之又少。人们不能直接观测到大脑工作的过程，而仅能凭借研究对象对于刺激所作出的反应、外在行为来推测其心理活动；即便是最新的心脑科技，也只能通过观测较为客观的大脑电波、生理指标变化来推测其工作机制，而对更加复杂的心理过程（意识、思维）帮助不大，因此心理学是典型的"黑箱"研究。

设计艺术活动中的主体类型多种多样，按照在设计活动中的职能，主要可分为设计主体和设计目标主体（用户或消费者[1]）两类，由于其心理和行为特性，又可以将这两者视为不能直接窥视的"黑箱"，即消费者（用户）黑箱以及设计师黑箱（图1-3），它们是设计心理学的主要研究对象，也是研究的重点。

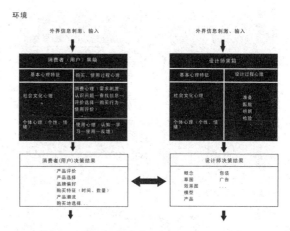

图1-3 设计心理学研究的两个黑箱[2]。

从心理学研究来看，影响主体的心理活动的因素，即心理学的研究包括四部分内容：

第一个部分是基础部分，包括生理基础和环境基础，其中生理基础是主体一切心理活动和行为的内在物质条件，环境基础是心理活动和行为产生的外在物质条件。

第二个部分是动力系统，包括需要、动机和价值观理念等，这是人的心理活动和相应行为的驱动机制。

第三个部分是个性心理，包括人格和能力等；它是个体之间的差异性因素，并使个体的心理、行为存在独特性和稳定性。

第四个部分是心理过程，普通心理学将其划分为知（原本指"感知"，但后来现代认知心理学将"知"拓展到整个信息加工的过程——认知，包括了感知、记忆、表象、思维等结合密切、难以分割的心理现象）、情（情绪和情感）、意（意志或意动）三个部分。心理过程的发生，是主体认知内、外环境的刺激或信息，在动力系统的驱使下，受个性心理的影响而产生相应心理活动和行为的全过程。

设计主体和用户作为设计艺术心理学的研究对象，其心理行为也同样包

---

1 消费指人们消耗物质资料以满足物质和文化生活需要的过程（《辞海》上海辞书出版社，1990年版缩印本，2002年版，第1863页）。产品的消费包含了产品的评价、购买、持有和使用等全过程，从这一点而言，消费者即用户。一般习惯上，我们将购买或可能购买产品的人称为消费者，而将产品的直接使用者称为用户。从个体而言，单个购买产品的消费者，不一定为产品的直接用户，但从宏观而言，消费者即"物质资料或劳务活动的使用者或服务对象"（《辞海》上海辞书出版社，1990年版缩印本，2002年版，第1863页），因此消费者也可理解为使用者—用户（如《辞海》中注释消费心理学，亦称用户心理学）。本文内容围绕产品的一系列消费行为展开，为了论述方便，作者根据一般习惯，在不同场合分别使用"用户"、"使用者"和"消费者"，分别强调人们在消费过程中所进行的不同行为。
2 消费者和设计师的心理活动都是一个信息输入—加工—输出的过程，两者的心理过程都分为两个部分：基本心理特征（包括社会、文化特征和个体心理）和心理过程（包括消费者心理过程和设计者心理过程）。消费者心理过程包括购买心理过程和使用心理过程。设计师心理活动输出结果是概念、效果图、模型、产品等设计物，消费者（用户）的心理过程结果是产品评价、偏好、购买特征等行为。两者之间的箭头代表两者存在可见的对应关系，这种对应关系实质上是两个黑箱之间的对应关系的外在表现。

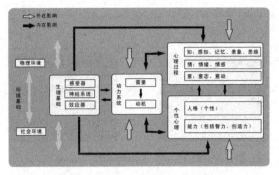

图1-4 影响个体心理行为的四大因素：生理基础、动力系统、心理过程以及个性心理。

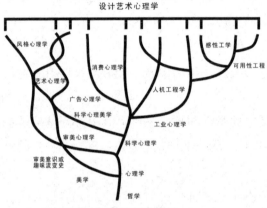

图1-5 设计心理学的学科基础和发展脉络。

含以上四个部分，并外显于围绕艺术设计的一系列行为之上。从用户的角度来看，包括了用户选择、购买、持有、使用甚至鉴赏这一系列消费过程中的全部心理行为；从设计主体的角度来看，则是以"创造"为核心的一系列设计行为；并且正如设计艺术心理学的定义中加以强调的那样，环境和情境也是影响艺术设计主体心理的主要因素，因此围绕设计的其他主体行为也应在研究中加以综合考虑，例如制造、营销、管理、维护、回收等行为。

1.3 设计心理学的历史和相关学科

"设计心理学"（Design Psychology）作为一个独立的名词使用，并成为独立学科加以研究，即使是在欧美国家，也是20世纪90年代以后才开始的，主要应用于人机界面设计、网页设计、数字媒体设计、环境艺术设计等领域中。但是，设计心理学产生的理论基础、研究方法植根于心理学、设计艺术学、美学、人机工程学等学科中，其历史由来已久。

根据学者来源和其研究的学科背景，我们可以将这些零散的理论、方法和知识点分为以下三大类：一、基于美学、审美心理学或艺术心理学的角度，将设计对象作为审美对象进行研究。二、工业心理学及人机工程学（人类工效学）与广告心理学及消费心理学、消费行为学等应用心理学的角度，重点考虑与效果和效能相关的因素。三、早期职业设计师在设计实践得到的经验知识。

1.3.1 审美心理学、心理美学、艺术心理学、美术心理学等相关领域的研究

这一类研究的历史可以追溯到古代先哲对于美和艺术的本体论和认识论，

直到 19 世纪下半叶以前，这部分的心理研究一直是以思辨为主，采用内省法和现象学的方法，而非我们现在所说的"科学的"方法。在 19 世纪下半叶，受到现代科学技术和自然科学研究方法的影响而走上了科学心理美学之路，利用科学心理学的实证研究方法来研究美学中的具体问题。此类研究并不直接区分设计艺术（古代的工艺美术等实用艺术）与其他艺术作品，基本不考虑设计的实用性和使用性，而仅仅从审美或形式感受的角度对设计物的形式和装饰进行分析和讨论。此外，一些学者考虑的焦点主要为艺术作品的审美，其中一些观点和理论也同样适用于实用艺术或者一般的日常生活用品的美学分析，因此也应划入设计心理的范围。

近年来，这一类研究转向运用实验心理学、格式塔心理学[1]，及后来发展壮大并逐步成为心理学主流范式的认知心理学（主要为其中的感知规律）发现的一些规律，其判断标准开始呈现显著的去意识形态、去功利的特点，持此观点的学者们相信人们具有普遍性的感知和美学偏好，例如最为人所熟知的黄金分割以及其他一些偏好的比例、节奏和韵律、简化性、整体性和图底对比等。也正因如此，这些美学规律吸引了早期现代主义者的特别关注和喜爱，20 世纪初，试图为新技术、新工艺和新材料找到合适的、富有时代特征的新美学的现代主义者，放弃了历史上的一切范式，求助于简洁的纯几何和模数式的构成方式所能赋予人们的秩序感和规律性，这就是"机器美学"、"技术美学"的形成。正如现代主义大师柯布西埃在《走向新建筑》中所说的那样："几何学是人类的语言。（建造者）在决定物与物之间的距离时，他发现了韵律……这些韵律存在于人类开始活动之初，他们以一种有机的必然性在人的心里响起来，正是这个必然性使孩子们、老人们、野蛮人和文明人都能画出黄金分割来。[2]"

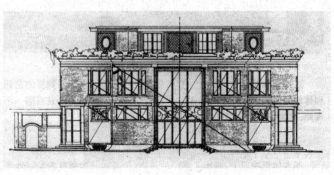

图 1-6 柯布西埃的模数分析：巴黎圣母院和 1916 年柯布西埃设计的别墅。

1 例如阿恩海姆基于格式塔心理学的视知觉理论所作的艺术心理学的研究。
2 [法]柯布西埃：《走向新建筑》，天津科学技术出版社，1998 年版，第 62 页。

心理美学也称"美学心理学"、"审美心理学",它是以心理学的研究方法研究审美、创造美的心理过程、个性心理及其规律的美学分支学科与流派[1]。冯特建立科学心理学之前,心理学一直作为哲学的一部分,艺术(包括设计艺术)中的心理分析则被归为美学的一部分,属于"心理美学"的研究范围。

心理美学的思想最早起源于哲学家们的思辨,例如古希腊哲学家柏拉图提出的"迷狂说"[2],亚里士多德提出"净化说"[3],中国古代老子、庄子提出的"虚静说"[4]、"天人合一说"[5],以及之后出现的"顿悟说"[6]、"意境说"[7]等。一般认为,1750年,德国哲学家鲍姆嘉通(Baumgarten)发表《美学》一书,标志着美学从哲学中分离出来,成为一门独立的学科,但是许多重要的美学论断仍是由哲学家所提出的,除了前面列举的那些哲学家,还有近现代的黑格尔、康德、别林斯基、车尔尼雪夫斯基等。他们的美学理论主要是从认识论的高度通过抽象思辨来探讨"美"的本质以及审美活动及其规律等问题,不一定直接对艺术作品的审美心理做具体而精细的科学研究。心理美学受到科学心理学影响而倾向实证研究之后,成为了现代科学美学中的重要组成部分,但与行为心理学、认知心理学等心理学分支相比,较重视探索情绪、情感及主体在"审美"活动中的感受、体验,具有较强的主观性。

实验心理美学早期代表人物、德国心理学家费希纳将心理学实验引入到心理美学研究中,通过实验法、观察法和内省法研究了形式与审美之间的关系,他本人将此称为"用自下而上的美学代替原有的自上而下的美学",他的学说成为现代心理美学发展的重要里程碑。费希纳的研究中对艺术及设计影响最大的应算对黄金分割比例的研究。通过实验他研究了人们对各种矩形的偏好程度,发现比例接近黄金分割1:0.618的图形最受人们的喜爱。1908年另一位心理学家拉洛用更科学的方法重复了他的实验,两次结果基本一样,从此,研究

1 《辞海》,上海辞书出版社,1990年版缩印本,2002年版,第1883页。
2 柏拉图认为美是理念,"理念世界"才是真实的世界,才能代表真理,而人只有依靠"回忆",进入"迷狂"的状态,才能见到真理。
3 亚里士多德认为悲剧(艺术作品)能激起人的恐惧与怜悯,透过观察他人的愚行,足以了解自己的错误,而使情绪得到净化。依柏拉图的观点,理智处于绝对统治的地位,而理智之外的心理功能,例如情绪、欲望都是人性中应被压抑的部分。文艺因为投合了这些"卑劣的部分"的快感,对人的影响是坏的。而亚里士多德不这么认为,他认为本能、情感、欲望都是人性固有的东西,应得到适当的满足,文艺能满足了人们的一些自然需要,净化人的心灵。
4 "虚静说"起于庄子,他在《庄子·天道》中讨论所谓"虚静恬淡,寂寞无为"之美,即一切任其自然,达到"素朴",也就达到了天下不能与之相比的美。庄子美学还提倡所谓的"心斋"和"坐忘",其核心思想就是要人们从自己内心彻底排除利害观念,只有这样才能从是非得失的计较和思虑中解脱出来,达到一种"至美至乐"的境界,也是一种高度自由,庄子所谓"逍遥游"的境界。
5 庄子哲学思想的核心为"反对人的异化"(李泽厚、刘纲纪《中国美学史》第一卷,中国社会科学出版社,1984年版,第228页)。他在《齐物论》中说"天地与我并生,而万物与我为一"。即为所谓的"天人合一",天地万物和我们同生于"道",天地万物的气和我们的气相通,而最大的美正在于天地之间,在于"独与天地精神往来"(《天下》)的境界。
6 古代宗(南宗慧能提出)的美学范畴,主张"不立文字,教外别传,直指人心,见性于佛"。强调个体的"心"对外物的决定作用,通过个体的直觉、顿悟达到一种绝对自由的人生境界。
7 意境说作为中国古典美学的一种理论,形成于唐代,王国维的"意境说"影响最为深远。王国维所谓的"境界"(或境界)包括三层涵义:1.情与景、意与象、隐与秀的交融和统一;2.再现的真实性;3.要求文学语言能直接引起鲜明生动的形象感。(叶朗《中国美学史大纲》,上海人民出版社,1985年版,第614-617页)

者和艺术家对所谓的黄金分割深信不疑。不仅如此，后来不少科学家沿用黄金分割比例研究生物的比例和美感，艺术理论家、艺术家和设计师则用来探索艺术作品和设计作品（特别是建筑）的美感，比如前面提及的柯布西埃的比例研究。

图1-7　费希纳和拉洛的研究数据[1]。

1913年英国学者C.W.瓦伦丁出版《美的实验心理学》，也是通过使用单色、线条、基本图形等简单要素，研究人们对形式的审美体验，他认为"……掌握理解这一切知识，亦即以孤立的方式呈现在人们面前的某类对象的美的一切知识，随后，我们才会有更好的机会去探讨含有作为构成要素的多种色彩或形式的更为复杂的对象"[2]。这些学者的研究重视实验，但所采用的研究方法依赖于人对被试图形的主观评价和描述，其心理学研究仍旧倾向于阐释主义的研究范式，具有明显的经验性。

20世纪初与实验心理美学同时兴起的重要理论还有"移情说"和"距离说"，也是运用心理学的观点来分析美感和审美体验。移情说最早是由德国费肖尔父子提出的，F.费肖尔（Friedrich Theodor Vischer）从心理学角度分析移情现象，把移情作用称为"审美的象征作用"，这种象征作用即通过人化方式将生命灌注于无生命的事物中。R.费肖尔在《视觉的形式感》中把"审美的象征作用"改称为"移情作用"，他认为审美感受的发生就在于主体与对象之间实现了感觉和情感的共鸣[3]。移情说最主要的代表人物是德国心理学家立普斯，其代表作为《空间美学和几何学·视觉的错觉》（1879年）和《论移情作用》（1903年），他认为美感的产生是由于审美时我们把自己的情感投射到审美对象上去，将自身的情感与审美对象融为一体，或者说对于审美对象的一种心领神会的"内模仿"，即"由我及物"或"由物及我"。

距离说的代表人物是瑞士心理学家爱德华·布洛，他的代表作为《作为艺术因素与审美原则的"心理距离说"》（1912年）。距离说认为审美要保持一定的距离，即所谓的"距离产生美"，要摆脱功利的、实用的考虑，用一种纯粹的精神状态来关照对象，才能产生美感；距离过远或过近都无法引起美感，

1　图表来自［美］金伯利·伊拉姆：《设计几何学》，中国水利水电出版社，2006年版。

2　［英］C.W.瓦伦丁：《美的实验心理学》，周宪译，北京大学出版社，1991年版，第3页。

3　朱光潜：《西方美学史》下卷，人民文学出版社，1979年版，第604页。

这两种学说都是以思辨的方式阐述美感经验，与通过实验获得结论的实验心理美学具有明显差异。

20世纪以来，心理学研究蓬勃发展，精神分析学派、格式塔心理学、人本主义心理学等流派为心理美学研究注入了新的内容。

其中对心理美学影响最大的是精神分析心理学，该学派重视无意识（弗洛伊德的"性驱力"或者荣格的"集体无意识"），强调无意识对于艺术创作和审美体验的作用。精神分析学派两位主要代表人物是弗洛伊德(Freud)和荣格（Jung），他们的理论的核心都在于承认人的无意识的存在，以及无意识对人行为的驱动作用。精神分析学派的创始人弗洛伊德认为人格可以分为"本我、自我、超我"，其中本我是原始的驱动力，是基本的生理欲望，遵循的是"快乐的原则"；超我是行为的社会道德和伦理符号，它监控个体按照社会可接受的方式来满足需要。超我是限制和抑制"本我"的"制动器"，服从"道德"的原则。自我是本我与超我之间的相互平衡，它服从的是"现实"原则。另一方面，弗洛伊德认为人具有意识、潜意识和前意识，其中前意识和潜意识也被称为"无意识"。无意识是相对于意识而言，是个体不曾察觉的心理活动和过程。人的潜意识是源自那个被压抑的"本我"，但由于本我是最原始的驱动力，不能为社会道德所完全接受，因此它被深埋在人的心底，成为潜意识，潜意识是埋在水面下的冰山，而意识只是冰山的一角，人的梦境或在催眠状态时会表现出部分潜意识。荣格在弗洛伊德的基础上，扩展了无意识的概念，他认为无意识不限于个体独特的生活经验，还有整个民族共有的"集体无意识"，艺术家的创造既有个人潜意识的释放，也表达了对特定经验或人物的象征性表达的民族共有的、本能性的理解。

虽然，弗洛伊德、荣格的理论对艺术和艺术创作的解释具有浓厚的思辨色彩，显得含糊、抽象、神秘，与现代心理学的崇尚实证的取向格格不入，但到目前为止，它是唯一一种涉及神秘的"意识"和"潜意识"的心理现象的流派，因此在艺术、文学领域中得到广泛运用，学者们借用这一理论，以艺术家被压抑的潜意识解读其创作灵感的来源，寻找艺术作品最初的"原型"[1]。

对于设计心理研究而言，首先，精神分析心理学可以帮助我们理解和研究消费者复杂的动机。比如广告心理学家和营销专家曾尝试运用自于精神分析的投射法，挖掘消费者的潜在的动机和需要。具体方式是提供给被试者一

---

1 "原型"在精神分析心理学流派中，是指特定经验和人物的原始的、象征性的表达，它可能是个人特有的，也可能是一个民族所共有的，人们会按照本能去理解、感受、体验每一个原型。例如，艺术家画面中的圆形的原型可能是太阳神、女性或者自身对完满、统一的渴望。

种无限制的、模糊的情景，要求其作出反应，让被试将他的真正情感、态度投射到"无规定的刺激"上，绕过他们心底的心理防御机制，透露其内在情感，常用的投射法包括词语联想法、句子、故事完型法、绘图法、漫画测试法、照片归类法等（表 1-1）。有研究者曾按此方式研究过特定产品所反映出来的人格情况 [1]，研究显示电动工具是男子汉的象征，代表了他们的技巧和能力；而烘烤代表了女性和母性的表达，唤起愉悦的、童年的温馨的感受。基于这种认识，有些营销专家和设计者相信通过分析消费者潜在需求，可以利用外观、包装、广告、环境等设计要素，刺激消费者，唤醒部分个体的一些特定的潜在需要。

　　这种通过提供模糊场景，让人们补充细节的方式，还可以用来帮助设计师挖掘用户更多的潜在需求，用户往往很难直接描述出这些需求。如图 1-8 是麻省理工学院媒体实验室教授主持的一项"每个儿童拥有笔记本 (100 美元的笔记本)"公益计划，设计者采用了近年来设计中较常使用一种"场景描述"（讲故事）的方法。设计人员根据用户调研结果，用文字和图画对孩子一天生活的各种场景进行描绘，在关键事件（例如上学时需要便于携带）上提出可能的设计构想，有助于挖掘出一些用户不能明确言明的潜在需要。

　　其次，根据精神分析心理学理论，一些消费心理学家还提出，设计师在试图迎合用户（消费者）的需求时，必须同时考虑其三重人格的需要。例如许多设计重视对"本我"的吸引力，设计中采用"鲜艳圆润光洁的外表"、"性的暗示"等一些元素直接使消费者产生情绪体验，但如果过分强调这一层次，又可能会引起他的"超我"和"本我"的排斥，从而使用户（消费者）产生焦虑和犹豫不决。

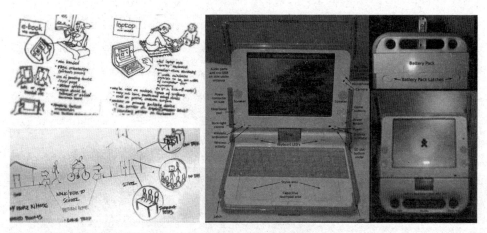

图 1-8 设计人员绘制的落后地区儿童每日上学的场景以及最终的设计成果。

1　[美] L.G. 希夫曼、L.L. 卡纽克：《消费者行为学》(第 7 版)，华东师范大学出版社，2002 年版

表 1－1 投射法类型表

类型	描述	典型应用
词语联想法	提供一个词，要求迅速（3秒）说出脑海中出现的一串词语。	考察消费者对某一产品的印象，品牌意象。
句子和故事完型测试法	提供一个不完整的句子或故事，要求将其补完整。	购买 *** 款式的手机的人是…… 我现在需要一台电视机，我应该选择……
漫画测试法	提供漫画或其他图像，要求补充画面说明或人物对话等。	测试对某两种设计的不同态度的评价。
照片归类法	出示一组与测试目的相关的照片，让被试者进行归类或将照片与相应的主题联系起来。	将 **** 产品的照片与可能使用该类产品的用户对应起来。
绘图法	要求被试者画出自己的感受，或者对事物的认知。	画出你最喜欢的手机样子。 画出你逮蟑螂时的过程（Mccann-Erickson 广告公司对蟑螂喷雾剂和灭虫碟使用的比较研究）。

另一方面，精神分析心理学还可以帮助研究者或设计师本身理解自身"灵感"产生这一有时显示为"无意识"、"下意识"或"直觉"性的复杂过程，有时，设计师甚至能主动运用"潜意识"、"原型"等理论，产生设计创意。

图1-9是一个非常有趣的例子，阿莱西公司设计师阿尔贝托·阿莱西在20世纪90年代设计了许多"新一代"产品，他自称其理念来源于维尼考特（D.W.Winnicott）对梦和现实的解析，维尼考特认为"移情现象"和"移情目标"同玩具的道理是一样的，即顾客的认知模式还在沿用童年时代的对象。

阿莱西受这些理论的影响，开始在产品设计中强调童年和与之相关的对象，例如由吉奥瓦多和文杜里尼设计的一组称为"king kong"（或叫做吉罗通多）的家用器皿，大量运用典型的儿童符号，创造了一种有

图1-9 左：King kong 咖啡壶
　　　　右："100% 改进"花瓶[1]

1 图片来源：《阿莱西》

趣的"游戏风格",迎合世纪末青年文化市场中对低价位和"情感符号"的渴望。

　　格式塔心理学也是 20 世纪以来对艺术理论和设计理论影响较大的理论之一。格式塔(Gestalt),可以直译为"形式",但与我们所说的形式的意义并不完全相同,所以一般被译为"完形",格式塔心理学也可以被称为"完形心理学"。

　　格式塔心理学诞生于 1912 年,主要代表人物有韦特海姆(Wertheimer)、考夫卡(Kurt Koffka)和苛勒(Wolfgang Kohler)。它起源于视知觉方面的研究,但并不只限于视知觉,其应用范围超出了感知觉的限度,包括了学习、回忆、情绪、思维等许多领域。它强调经验和行为的整体性,认为知觉到的东西要大于单纯的视觉、听觉等,任何一种经验的现象都是一个整体,整体不决定于个别的元素,相反,局部却决定于整体的内在特性。将这些理论运用于视觉艺术研究取得重要成果的主要是考夫卡和阿恩海姆。考夫卡在他的代表作《艺术心理学问题》(1940 年)中认为:人的知觉具有能动性,艺术作品的魅力来自它的结构,艺术作品各个部分作为整体使人受到感染。阿恩海姆的代表作《艺术与视知觉》(1954 年)、《走向艺术心理学》(1966 年)、《视觉思维》(1971 年)等在中国都具有深远的影响,特别是其以格式塔心理学原理为主要依据,直接针对艺术作品及其形式要素的感知规律加以研究,全面细致地分析、阐释了处在知觉活动水平上的艺术活动的心理特征和心理过程,对于艺术心理研究(包括设计艺术)具有深远影响。

　　格式塔心理学对于设计心理学的启示在于:首先,它揭示了人的感知,特别是占主要地位的视知觉,并不是直接的镜像反映,它能对所看到的"形"(或声音、触觉等感觉信息)进行选择、组织、加工,也就是阿恩海姆所说的"知觉本身就具有'思维'能力",视知觉并不是对刺激物的被动重复,而是一种积极的理性活动[1]。其次,格式塔心理学在研究人知觉的"思维能力"的过程中,发现了大量的知觉(主要是视觉)规律,尽管还没有那种学说可以令人信服地解释这些规律背后的心理机制,但是作为非常稳定的现象和规律,它们可以常常被运用于设计中,主要的知觉规律包括整体性、选择性、理解性、恒常性[2]等。

　　人本主义心理美学代表人物是马斯洛,代表著作为《动机和人格》(1954 年),其研究来自对于创造性人物心理和人格的研究,在心理美学方面他提出著名的"高峰体验"学说,高峰体验就是自我实现过程中最激动人心的时刻,

---

1　[美]鲁道夫·阿恩海姆:《视觉思维——审美直觉心理学》,滕守尧译,四川人民出版社,1998 年版,第 47 页。
2　可参见本书第二章"知觉组织"的相关内容。

人在这种状态下超越了功利，体会到完美与和谐，审美和创造性活动都能将人们带入到"高峰体验"的状态中。

近年来，审美心理研究受认知心理学的影响较深。认知心理学绕过了"意识"、"无意识"等难以以实验进行验证的部分，而将一切心理活动描述为信息输入—加工—输出的模式，将研究重点放在可以直接观察、用实验加以检验感知和行为过程。与审美心理相关的研究：一方面以唤醒概念作为研究中心，例如伯拉因提出的适度唤醒能提高审美愉悦度；伯立尼（Berlyne）提出的超过某一点唤醒水平的刺激会引起厌恶体验等。另一方面，用信息处理模型解释人们对审美的偏好原因，如芒辛格和凯森认为个体信息加工处理的能力影响其在何种程度上偏爱某种刺激（1964年），加工处理能力强的个体偏爱复杂的事物，从这种理论出发，可以在一定程度上解释为什么文化素质较高的用户偏爱意味复杂的作品这一现象。

此外，与西方的心理美学流派相比较，俄国心理美学受社会的意识形态影响较深，并对我国影响较大，如"社会历史文化美学"，其代表人物是维戈茨基和列昂捷夫，这一学派重视社会对于人的心理的影响，认为个体心理不能脱离所处的社会历史条件，不是简单的刺激—行为过程。此外，20世纪七八十年代梅拉赫主持前苏联艺术创作综合研究，重点研究艺术创作过程和艺术接受过程的心理机制问题，在研究中，他将艺术思维划分为三类：理性型（理性逻辑思维比感性思维占优势）、主观表达型（感性思维占优势）以及艺术分析型（理性与感性结合）。

综上所述，审美心理各学派关于主体审美愉悦感的研究和理论对于设计艺术心理学研究具有重要借鉴作用，可用于解释设计用户审美经验中的各种现象，例如情境对主体的影响；设计作品的各个要素的感知规律以及用户对其产生的审美（情感）体验；唤醒与愉悦感的关系；信息加工能力对于审美经验的影响等。

除了以上研究，几位艺术史论家也从自己的学科角度参与了对艺术、装饰艺术中的心理现象进行了分析。艺术史学家对于艺术心理学的研究倾向于艺术（特别是装饰艺术）风格、趣味所产生的心理机制，重视与审美心理相关的内在感知能力。其代表人物和思想是：

1. 里格尔在其代表作《风格问题》一书中提出了风格知觉问题，建立了所谓的"风格心理学"。里格尔通过对植物纹样发展的描述，提出装饰艺术方法和风格的变化源自所谓的"造型意志的变化",但他并没有解释风格变化的原因。随后在维克霍夫(Wickhoff)、希尔德布兰特(Hildbrand)的相关研究影响下,他在《后期罗马的工艺》一书中进一步提出,造型意志的转变是由于人们的知觉方式转变造成的,特定时期的每一种建筑纹样和每一种纹饰都必须且能够遵循风格发展的内在规律,这种规律就是把艺术从感觉推向知觉的种种内在规律。

2. 海因里希·沃尔夫林,认为艺术史的真正目的是研究风格而非个别艺术家的历史,他运用形式分析的方法对风格问题作宏观比较和微观分析,在其博士学位论文《建筑心理学导论》中提出了建筑的移情理论,通过实验心理学的证据阐明构成建筑的形式在一定层面上表达了有机体的法则,认为建筑和人一样富有表情;他十分重视心理学对于艺术史学研究的重要作用,进而提出艺术作品的分析应包括事实的解释(描述)、风格的解释以及结合心理学的文化和历史的解释三个层次。

3. E.H. 贡布里希,作为一名艺术科学大师,以整体的观点来对待艺术科学研究,用灵活、开阔的视野打通了原本各学科间的森严壁垒,使艺术科学理论得到很大拓展,他的研究几乎涉及艺术的各个方面,其中很多内容都与装饰艺术心理学相关联。在《艺术与错觉》中,他提出著名的"制作和匹配"的理论,认为再现艺术(写实主义)是一种先制作后匹配的过程,艺术家运用人们视觉的理解力和错觉,发明了使三维空间能再现于二维平面上的各种技巧,例如透视学等;此外他还发现视觉的一个重要的原则就是"图式和矫正",也就是说我们无法完全模仿现实,而每个时代的艺术家都以那个时代成熟、公认的图式进行创作,即艺术家没有所谓的"纯真之眼"。在《秩序感》一书中,他运用心理学、信息理论甚至生态学的原理来分析装饰艺术,提出人们先天存在对简单、有规律的形式的喜好——秩序感,认为秩序的中断会吸引人的注意力;如果中断的出现和频率并不变换,就形成了新的秩序;超出秩序的多余度和新变化之间存在一种张力,是吸引人们注意力的原因。他的《视觉图像在信息交流中的地位》一文,则运用了语言学、信息学的知识解释图像在信息交流中的功能,并针对图像传递信息的特点讨论了这些不同功能在信息交流中的优势和缺陷[1]。

---

1 《视觉图像在信息交流中的地位》,范景中等译,本文为 1972 年《科学美国人》(*Scientific American*)杂志"信息交流"(*Communication*)专栏中的一篇。

1.3.2 工业心理学与人机工程学、广告心理学及消费心理学、行为学等应用心理学的研究

1. 消费心理学、广告心理学的发展概述

早在 1895 年，美国明尼苏达大学心理学实验室的 H. 盖尔就率先使用问卷法探索消费者对于广告及商品的态度和看法。1900 年，盖尔出版了《广告心理学》一书，一般认为盖尔的这些研究是广告心理学最早的研究，但盖尔的研究在当时并没有产生重大影响。1901 年，美国西北大学的 W. D. 斯科特（Walter Dill Scott）在芝加哥年会上，提出应把广告的工作实践发展为一门科学，心理学对此可以大有所为，得到与会者的热烈支持。斯科特于 1903 年出版《广告理论》一书标志广告心理学的诞生。1908 年他进一步完善广告心理学知识并出版《广告心理学》一书。1913 年德国工业心理学先驱雨果·闵斯特伯格 (Munsterberg) 发表《心理学与工业效率》，虽然内容主要涉及工业心理学，但也汇集了某些广告心理学研究的内容，例如广告面积、色彩、文字运用、广告排版因素与广告效果的研究等。1914 年他撰写了一部心理学教材《基础与应用心理学》，首次引入社会心理学，并且应用心理学也得到了重点论述，其中包括了涉及设计艺术心理学的经济心理学、文化心理学等分支 [1]。1921 年，斯科特发表了《广告心理学的理论和实际》，涉及了印刷广告中所应用的各种心理原理，包括知觉、想象、联想、记忆、情绪、暗示和错觉等。这些早期的广告心理学主要还是服务于以生产者为中心的卖方市场，而到了 20 世纪 40 年代，战后商品经济的快速发展，主要西方国家相继进入了丰裕社会，市场竞争日趋激烈；这时的市场多元化趋势显著，消费者细分趋势日趋明显，消费者的差异性也导致了营销者之间的差异，部分营销商开始意识到不应试图劝说消费者购买那些他们已经生产的东西，而应生产那些他们确认消费者愿意购买的产品，这样市场营销的观念由以生产者为中心向消费者为中心转变，对消费者行为的研究越来越受到广告研究者和心理学家的重视。这一时期中，一个经典的研究消费者深层动机的成功案例就是雀巢速溶咖啡行销障碍的研究（海尔，1950 年）。20 世纪 60 年代，由此出现了一门全新的学科——消费心理学。1960 年美国心理学会正式设立消费心理学分科学会，标志消费心理学作为一门独立学科诞生，此阶段相继问世的《广告研究》和《市场研究》两本杂志使

---

1 该书第三篇"应用心理学"中谈及教育心理学、司法心理学、经济心理学、医学心理学等"心理技术科学"，可称为当时应用心理学研究成果的全面总结。其中经济心理学中的工人选拔、学徒、技术、单调和疲劳是工业心理学、人类工效学的先声，而其中关于"商业的兴趣"则完全可看作广告心理学和消费心理学的内容；文化心理学则主要针对文化艺术、审美中的心理现象，以及科学家和艺术家创作心理。具体内容可参见 [德] 雨果·闵斯特博格：《基础与应用心理学》，邵志芳译，浙江教育出版社，1998 年版。

消费心理学的研究成果得到广泛传播。在此后的研究中，消费心理学以消费者行为研究对象，探索其背后的心理机制，它主要借用了来自认知心理学和社会心理学的成熟概念，将心理学研究与市场营销相结合，把个体购买商品与服务的行为视为理性行为——使自己的利益（满意度）最大化，将消费者行为视为一个信息加工处理作出"有限理性"决策的过程，并以此为基础，研究消费行为过程中的感知规律，消费者的需要和动机，人格差异对于消费者行为的影响，消费者的决策规律及其影响方式和手段，以及社会、文化环境对于消费者心理、行为的影响等。

我国早在 20 世纪 20 年代，曾有学者做过一些研究，如孙科发表《广告心理学概论》、吴应图翻译了斯科特的《广告心理学》、潘菽在其著作《心理学概论》中设有"心理学与工商业"一章，涉及消费心理学的问题等。但解放后由于整个心理学在我国的状况，此类研究被中断，直到 70 年代才开始得到恢复和发展。特别是从 80 年代后期以来，市场经济的快速发展促使广告心理学、消费心理学得到迅速发展。

2. 工业心理学以及人机工程学发展概述

工业心理学与人机工程学是两个略带差异，但多有重合的学科，研究领域因不同领域的学者定义而异。2000 年 8 月，国际人机工程学会 (International Ergonomics Association, IEA) 提出的人机工程学的定义是：人机工程学是研究人与系统中其他因素之间相互作用，以及通过将相关的理论、原理、数据和方法运用于设计中以优化人与系统表现的学科 [1]。根据 IEA 的解释，人因工程学专家主要致力于设计，以及任务、工作、产品、环境和系统的评价，以使之更好地适应人的需要、能力和局限。人机工程学依照不同的研究重点可以分为：1) 物理人机工程学（Physical ergonomics）主要研究人与物理活动相关的解剖学、人体测量学、生理学和生命机制特征，相关的研究课题包括工作姿态、控制、重复操作、与工作相关的骨骼和肌肉失调、工作场所的布局、工作安全和健康。2) 认知人机工程学（Cognitive ergonomics）主要关注的是人和系统中的其他因素相互作用中人的精神活动过程，例如感知、记忆、推理和自动反映，相关的研究课题包括在人—系统设计中相关的精神负荷、问题决策、技能、人机交互、人的可靠性、工作压力和培训。3) 组织人机工程学（Organizational ergonomics）主要关注的是社会技术系统，包括它的组织结构、政策和过程，相关的研究包括交流、团队资源管理、工作时间设计、团队工作、分享设计、社区工效学、

1　定义来源：http://www.iea.cc/，由作者编译。

协同工作、新工作范式、虚拟组织、电子作业和质量管理等。国内学者朱祖祥的著作《工业心理学》专门对工业心理学下定义：它是应用于工业领域的心理学分支，它主要研究工作中人的行为规律及其心理学基础，其内容包括管理心理学、劳动心理学、工程心理学、人事心理学、消费者心理学等。

从研究的领域来看，两者之间的差异不大，一方面工业心理学更加侧重于对人的能力和局限的基础研究，而人机工程学则更加注重将这些知识和信息运用于设计中 [1]；另一方面，工业心理学还涉及到一部分工业企业管理与组织方面的内容，例如如何组织生产、制定生产制度、设计生产流程、奖罚员工以形成有效的激励机制等。

此类研究以"二战"为界（1947 年）可分为两个阶段：第一个阶段（"二战"前），主要着重于通过测验甄选适当的使用者，或者通过一定训练或者管理方式，提高人的学习和使用机器的能力。简单而言，即使"人适应机器"；第二个阶段（"二战"后），转变为通过对"人的因素"的研究，改进和完善产品的设计，使机器适应人。

这一类学科源自 19 世纪末应用心理学出现和发展。自 1879 年冯特（Wilhelm Wundt）建立第一个心理学实验室，科学心理学诞生后，许多心理学的实验室纷纷建立，越来越多的心理学家开始放弃原来的内省法转而采用实验法、调查法等研究方法，并将实验心理学的方法应用于工业生产领域，以提高劳动效率，改善劳动条件，并用测验来挑选从事特殊行业的工作者。应用心理学的产生，首先是从美国开始的。1896 年起，与德国心理学领域的同行不同，美国心理学家并不把心理学作为"严格地用于'对灵魂本质的天使般洞察'的学科"，而很快将心理学作为了一门具有实践目标的科学。他们研究出发的基点是心理学是关于心灵的科学，心灵可以调节个体的行为，使其适应环境，甚至如杜威（John Dewey，1917 年）所认为：心理是社会的产物，因此它可以被社会蓄意塑造，而且心理学可以把社会控制（社会的科学管理）作为它的目标。最初的应用心理学是由卡特尔（Cattell）1890 年发明的心理测验。19 世纪末被称为"科学管理之父"的泰勒（Frederick Winslow Taylor）开始应用科学的方法研究工人的工作效率问题。他在美国伯利恒钢铁工厂使用计件奖励工资的方式鼓励工人生产，还研究了劳动工具和劳动方式与绩效之间的关系，改进了劳动工具和操作方法，使工作效率成倍提高。1913 年德国工业心理学先驱闵斯特伯格 (Munsterberg) 发表《心理学与工业效率》，提出应利用心理学的方法来选拔、

---

1 Mark S. Sanders, Ernest J. McCormick, Human Factor in Engineering and Design, 7th, McGrow-Hill, 2002.

培训工人，改善劳动环境，提高工作效率，这本书标志工业心理学的诞生。

第一次世界大战的爆发成为了应用心理学发展的一次机遇，心理学不仅作为一门科学趋于成熟，并且发挥了重要作用。一方面，由于战争中工厂缺乏熟练男性工人，不得不雇佣大量的妇女工作，而且还得延长劳动时间，增加了工人的劳动负荷，为了提高工作效率，推动了对"疲劳"等问题的研究。另一方面，利用心理学研究，设计评定量表对应征入伍的兵员进行甄选，自此心理测验被用于战争，因而提高了自身地位。战后，这些智力测验的方法被应用于工业界，成为选拔工人的重要手段。从此，心理学家发现"人类有许多方面可以测量，有许多社会价值可以鉴定"，最后形成了人类工程学（human engineering）。

虽然通过泰勒等人提议的科学管理能提高工人的作业效能，但是本质上，仍是一种非人性化的管理，将人看做机器，简单、有效地重复程序化地操作过程，而忽略了工人作为人的主观体验和情感对作业效能的影响。逐渐人们发现仅仅使用机械化的管理是不够的，而如果能重视工人的情绪和情感，很可能进一步提高工作效率和利润。到了 20 世纪 20 年代，以梅奥（Mayo）为首的一群社会科学家在美国伊利诺斯西屋电器公司的霍桑工厂展开了一项关于物质条件与生产效率关系的传统工业心理学实验，但意外获得了其中最重要的研究成果，被称为"霍桑效应"。实验原本认为随着照明的增加，工人效率会随之提高，但是实验结果显示照明效果和工作绩效没能产生理想的对应关系。霍桑效应证明，不仅仅通过改变物理环境有利于提高工效，此外还有更大的因素能影响工人的工作绩效，即工人的情绪、作业的动机、工作环境的气氛等。这成为了工业心理学发展中的一个转折点，从这时开始，工业心理学开始重视研究企业中的人际关系以及生产者的动机、需要、情绪等要素，并逐步发展出管理心理学和组织行为学等交叉学科。

与第一次世界大战类似，第二次世界大战同样也推进了工业心理学的发展，一方面利用心理测试辅助兵员的选拔、训练和任用，另一方面就是通过人机关系的研究解决如何使人们掌握更加复杂的军事装备的问题。在这方面，出现了一个观念上的转变，即以往是培训人员去适应那些已经研制出来的武器，但现在科研人员发现人的适应能力有限，即使通过严格选拔或是精心培训的人也难以适应越来越强大的武器装备操作的需要，这种观点开始转变为根据人的能力来研制装备，即从人适应机器到机器适应人。20 世纪 40 至 50 年代，美国的工程心理学、人机工程学（人类因素学）（Human engineering or Human-machine engineering）成熟并快速发展，这一学科在英国被称为工效学（Ergonomics）。第二次世界大战后，人机工程学的研究重点从军用转移到民用，研究领域也进一步扩大，从 20 世纪 50 年代起，除了美、英以外，德、苏、日等国也相继建立了专门的研究机构和学术团体，出版了大量研究报告的书籍，其中最有影响的是恰皮斯（Chapanis）的《应用实验心理学》和麦考密克 (McCormick) 的《工程和设计中的人因学》。1959 年正式成了国际工效学协会（International Ergonomics Association, IEA），对各国工效学研究起到重要推动作用。

从我国来看，1935 年陈立出版的《工业心理学概观》是我国第一本论述工业心理学的著作，后由于国内政治局势混乱，工业落后，研究被中断。直到 20 世纪 50 年代，随着我国工业生产的恢复和发展，相关研究才恢复并逐步发展起来。1980 年中国心理学会成立了工业心理学专业委员会，对我国人类工效学和行为科学发展起到有力的促进作用。

从这些应用心理学背后的心理学取向来看，最初还是以华生、斯金纳为代表的行为主义心理学派。这一时期，研究主要是围绕刺激和反应之间的关系展开的。另一方面是以霍夫兰为代表的社会心理学家继续并发展了战争中的关于"说服"等方面的研究，这些研究成果被应用到广告实践中，促进了广告心理学的发展。到了 20 世纪 60 年代以后，认知心理学诞生，由于其敢于涉及到刺激与行为之间那段最为神秘的人的信息加工过程（心理过程）以及其对于现代信息科学的指导作用迅速发展，因而取代了行为主义心理学的地位，渗透到了心理学的各个领域，并成为了指导应用心理学研究的最重要的心理学取向。

1.3.3 职业设计师的经验知识

"二战"后人机工程学和心理测量等应用心理学科得到迅速发展，战后转向民用，实验心理学以及工业心理学、人机工程学中很大一部分研究都直接与生产、生活相结合；同时，西方进入消费时代，丰裕社会物质生产繁荣，为了在激烈的市场竞争中获胜，当时的市场主流是以样式设计、风格的交叠促销，消费者心理、行为研究盛行。设计成为了商品生产中最重要的环节，并出现了大批优秀的职业设计师。这些职业设计师中的一部分人反对单纯以样式为核心的设计，想要真正为使用者设计，其中的代表人物是美国设计师格雷夫斯，他率先开始想要用诚实的态度来研究用户的需要，为人的需要设计，并开始有意识地将人机工程学理论运用到工业设计中。

格雷夫斯（Henry Drefuss）1951 年出版了《为人民设计》（*Design for People*）一书，介绍了设计流程、材料、制造、分销以及科学中的艺术等。对于他而言，设计师不仅是将美学原则运用于产品的表面，"诚实的设计工作应从内至外，而非从外至内"。书中的第二章（Joe 和 Josephine[1]）主要介绍了人体测量和人机工程学研究，提出人与人的体形和尺度存在差异；第四章（测试的重要性）他提出一种可用性测试以了解设计的产品表现如何。格雷夫斯的测试不同于一般人机工程师的测试，虽然组织严格，但没有严格的测试流程，他只是想看看人们是如何看待他的设计，如何理解其工作模式；或者设计的哪些方面难以理解以便修正。他认为过于正式的测试使人感觉紧张而不可能得到与真实场景类似的结果，而通过询问（焦点小组）可能会获得被误导的答案，因为被试者可能会说出你希望的答案，因此测试应使被试者尽可能自然，因此他认为观察法，特别是使用情境下的观察非常重要。他还在书中列举了如何设计测试环境，比如他模拟了一个客机内部舱位，让"乘客"呆 10 多个小时（这个时间是那时一个远洋飞机通常航行的时间）以检验人在这一空间中的活动。在接下来的几个章节，他利用实例介绍如何在设计中运用人机工程学提高产品使用性，例如针对老年人设计电话时应该考虑到他们难以阅读细小的数字；或者当设计飞机场座椅时，应适应不同人身形的需要。除了可用性以外，他还提出设计师应考虑时尚对于设计的影响，一个最有趣的观点就是所谓的"残余造型"（Survival form），即设计师应将"旧"与"新"混和起来，所谓的"新"应是"新的和改进的"。虽然格雷夫斯没有在书中明确提出所谓的"设计心理学"，可是书中的许多内容都紧密围绕用户心理研究展开，他的设计不仅应作为"人性化设计"的先驱，同时其针对用户心理的研究也应作为针对设计的心理学研究的先行之作。

图 1-10　格雷夫斯 1949 年为 Bell 公司设计的"500"电话，他在《为人民设计》一书"第六章　电话"中的插图（右）显示了早期设计师如何利用模型进行用户生理、心理测试。

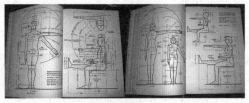

图 1-11　格雷夫斯 1951 年出版的《为人民设计》"第二章 Joe（男人名）and Josephine（女人名）"。

---

1 注：分别为男人名和女人名。

1.4 现代设计心理学

20世纪60年代以后，与设计心理学相关的消费心理学、广告心理学、工业心理学和人机工程学研究都取得了巨大发展，主要表现在：1）实证研究越来越多，并且与生产和消费实践结合也日趋紧密。产品开发的市场调研、前期的用户研究、广告效果分析和测试、产品测试都已成为大型制造公司进行产品研发的必备环节。2）研究领域越来越广，研究课题划分越来越细。信息技术的快速发展使人—计算机（包括以计算机为核心的其他数码产品）对话成为了最重要的人机系统研究命题，界面控制普遍应用于生产、办公、生活的各个方面，人机界面设计成为目前工业心理学、人机工程学最重要的研究领域。3）研究方法、手段越来越丰富，并且越来越先进，传统研究中的调查法、问卷法、实验法、访谈法仍是主要手段，但许多现代电子、数字技术设备被加入到传统的研究方法中。例如焦点小组开始使用双面镜、录音录像设备等；研究结果分析方面，从其他学科中借鉴而来的方法被采用，例如从传播学、语言学中借鉴的语义分析法等；此外一些新的研究方法也被广泛采用，特别是借助仪器作为工具研究成为一种潮流，包括了眼动仪、心电图、脑电波分析仪、速示器、虚拟现实等。

建立于工业心理学、消费行为学和广告心理学等应用心理学分支基础上的，设计的应用心理学研究还衍生出若干崭新的交叉学科，主要包括欧美伴随软件界面设计和测试而出现可用性工学以及日本的感性工学。

1.4.1 可用性工程（Usability Engineering）

可用性工程以前面提到的美国认知心理学家诺曼和尼尔森为代表，是一门在产品开发过程中，通过结构化的方法提高交互产品的可用性的新兴学科，这门学科建立于认知心理学、实验心理学、人类学和软件工程学等基础学科的基础上[1]。其中，可用性工程着重于评估现有设计、原型和系统，在此基础上，以"可用性"原则指导设计，便称为"可用性设计"（Usability design）。可用性工程和设计将人机系统研究锁定在交互式的IT产品/系统上，核心是以用户为中心的设计方法论（user-centered design – UCD），强调依靠有效评估提高产品的"可用性"质量。这套理论与方法自20世纪90年代以来开始在美、欧、日、印等国IT工业界被普遍应用。（图1–12、图1–13）

其中"可用性"是可用性工程和设计的核心概念，它是衡量产品用户界

---

1 Deborah J Mayhew, The Usability Engineering Lifecycle, Morgan Kaufmann Publishers, Inc., San Francisco , California, 1999, P2.

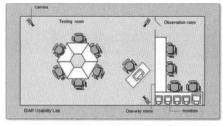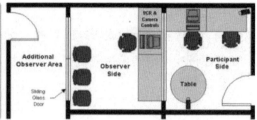

图 1-12　典型可用性测试实验室[1]。

面设计品质的重要指标，根据国际可用性职业联合会（UPA Usability Professional's Association）的定义，可用性是指软件、硬件或其他任何产品对于使用它的人（即用户）适合以及易于使用的程度。"可用性"包括效率、容错性、有效性等方面的指标。根据 ISO 9241-11 国际标准："可用性"是指产品在特定使用环境下为特定用户用于特定用途时所具有的有效性、效率和用户主观满意度。其中：

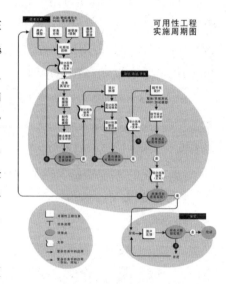

可用性工程实施周期图

图 1-13 可用性工程实施周期图。

有效性（effectiveness）用户完成特定任务和达到特定目标时所具有的正确和完整程度。

效率（efficiency）用户完成任务的正确和完整程度与所使用资源（如时间）之间的比率。

用户主观满意度（satisfaction）用户在使用产品过程中所感受到的主观满意和接受程度。

由此可见，可用性是一个综合性的指标，它既考虑产品实用和适用方面的属性，也考虑用户在使用中的心理体验和感受。

诺曼在《日用品的设计》一书中将提高产品的可用性原则明确归纳为 7 条：

应用储存于外部世界和头脑中的知识；

简化任务的结构；

重视可视性，消除执行阶段和评估阶段的鸿沟；

---

1 左侧是微软公司的可用性实验室，右侧是国内 ISAR 界面设计公司的可用性实验室，其布局基本相同，即分为两个部分，一侧为用户测试空间，用来招开焦点小组（Focus Group）、使用模型和产品、测试界面；这一空间周围分布摄像头，测试电脑和摄像头拍摄的画面可以传送到另一侧的观察室的监视器上。测试室和观察室之间是一面双面镜，可以是测试室内的观察者观看被试的行为，而被试者不会看到观察室内的人的行为。

建立正确的匹配关系；

利用自然和人为的限制性因素；

考虑可能出现的人为差错；

标准化 [1]。

这些原则可被当做评价产品"可用性"的具体指标，之后它们也作为"以人为中心"的设计的必要法则在全球范围内深入人心。

可用性工程是展开可用性设计的依据，它的核心在于在整个产品开发流程中反复运用科学、细致的可用性测试（Usability Inspection），不断改进和提高产品的可用性。可用性工程实施流程整体而言包括三个：需求分析、设计/测试/开发、安装（使用与反馈）。

用户需求分析是可用性工程实施流程的第一步，也是进行可用性设计的准备阶段，它通过定义用户类别和特征，为整个产品设计提供必要的设计决策依据。对用户类别和特征的定义需要考虑：

1）用户的生理特征：性别、年龄、左右手倾向、是否色盲、是否弱视、是否有其他障碍等；

2）职业特征：工作职位；工作地；从事现有同样工作的人员有多少；用户曾使用过的同类产品有哪些；使用时间如何；从事现有职位的工作周期是多久；一般而言的工作地点在哪里；每天的工作时间是多长等；

3）知识和经验背景：使用同类产品的技能程度；最高的学历背景；专业类别；对目前工作能力的描述；母语等；

4）用户的心理特征：主要关于态度和动机，包括使用同类产品的感受如何；使用该类产品对于工作的作用在于哪些方面；通常用来学习这类产品的使用方式所需要的时间；是否喜欢使用这类产品等。

设计/测试/开发，这是可用性工程流程中最重要的一个阶段，其中设计团队通过科学、系统的可用性研究和测试，将设计与心理学、人机工程学、认知科学和思维科学与设计美学结合在一起，各个领域的专家共同进行产品的设计、修改和完善，反复利用效果图、工程图、低保真模型、高保真模型、样机、成品评价设计成果，进行修正和改进。

安装（使用与反馈）这一阶段在整个可用性工程流程中发挥检验、调整和维护的作用，它可以为未来的产品升级提供依据，还能为那些针对同一用户群体所开发的产品提供必要信息，为未来的设计开发积累经验教训。收集

1　[美]唐纳德·A.诺曼：《设计心理学》，梅琼译，中信出版社，2003年版，第195页。

用户反馈的时期可长可短，通常来说，一个使用频率比较高的产品大约在三四个月后，用户基本已经成为使用熟手，此时就可开始收集用户反馈；而那些使用频率不高，例如大型工具、大型耐用消费品，可以等候更长时间再组织收集反馈。收集用户反馈的方式主要包括用户访谈、焦点小组、问卷、电话调查、可用性测试等。

表 1-2 界面设计的可用性测试的易控制性研究统计结果

易控制性	满意度					重要性				
	1	2	3	4	5	1	2	3	4	5
1. 您随之可以取消已开始执行的操作命令，而不会带来不良后果；		5%	30%	40%	5%			5%	35%	60%
2. 允许您在执行任务中随意跳至任意操作命令而无须按照固定流程；	10%	30%	25%	35%	10%			5%	25%	70%
3. 允许您中断或纠正操作，而不会带来不良后果；	5%	45%	50%	5%				30%	60%	10%
4. 允许您对于最常使用的命令使用简化、快捷的控制；		25%	35%	5%	25%	5%	5%	30%	20%	40%
5. 所有控制的语言风格一致，易于理解。			20%	5%	70%			35%	15%	35%

1.4.2 感性工学

稍早于可用性工程的 20 世纪 80 年代，在日本出现了另外一门新型学科，称为感性工学（Kansei Engineering），即一种将顾客的感受和意向转化为设计要素的翻译技术（长町三生，1995 年）。"感性"（Kansei）是日语的音译，其含义丰富，较为接近于设计心理中所谓的"体验"，即用户对产品的综合感受，它随时代、时尚、潮流和个体、个性而不断变化。感性工学结合了设计科学、心理学、认知科学、人机工程学、工程学、运动生理学等人文科学和自然科学的诸多领域知识，试图以定量分析的方式来理性地研究设计中的感性问题，借以发展新一代的设计技术和产品。

目前感性工学的研究包括两个方面：一是长町三生[1]等提出的"将人们的

---

1 长町三生 1958 年毕业于广岛大学心理学专业毕业，1963 年获广岛大学文学博士学位，随后进入工学部研究人间工学和安全工学。曾获得过美国人类工程学学会"优秀外国人奖"和国际安全人类工效学学会"安全人类工效学奖"。1970 年开始研究感性工学，1995 年任广岛大学地域共同研究中心主任。长町三生撰写了《汽车的感性工学》[汽车研究，11（1），2-6，1989]、《感性工学与新产品开发》[日本经营工学会志，41（413），66-71，1990]、《感性工学及其方法》[经营**システム**，2（2），97-105，1992]等重要论文；著作有《感性工学》（1989，海文堂出版）、《快适科学》（1992，海文堂出版）、《感性商品学——感性工学的基础和应用》（1993，海文堂出版）等。

想象及感性等心愿，翻译成物理性的设计要素，具体进行开发设计……"[1] 具体而言就是通过收集用户对产品的感性评价建立计算机为基础的感性数据库和计算机推理系统，以辅助设计师设计或帮助顾客作出符合自己意愿的选择。这一研究范式在 20 世纪 80 至 90 年代传入香港、台湾等地，其量化的研究范式得到了不少学者的认可，不少台湾、香港的学者也尝试使用 SD 量表[2] 绘制用于描述用户对设计物的感觉坐标曲线，有学者将用户对设计物的整体感受（即感性）称为"意象"，这种感觉坐标中的曲线称为"意象尺度图。"（图 1-14）

图 1-14　台湾学者所做的"字形效果之意象评估"研究[3]；左图为实验用的不同风格的字形材料；右图为最终得到的字形意象尺度图，其中得到影响字形意象的两种主因子，分别为喜好因子、冲击因子，各字形落在坐标系中。

感性工学的研究方法被一些企业所采纳用来修改产品设计，最早是在日本住宅设计和汽车设计领域。例如马自达汽车基于感性工学研究改进了汽车内部空间，使其符合使用者心理的宽敞感和舒适感，从而获得了成功。"感性工学"这一名称的确定，便是来自马自达株式会社山本建一社长的建议，1988 年在第十届国际人机工学会议才正式确立"感性工学"的名称。

1993 年，"感性工学"被列入日本文部省学科分类目录，1995 年日本信州大学纤维学部成立了世界上第一个感性工学学科，广岛大学、筑波大学和千叶大学都是较早将感性工学列为教学内容的学校。信州大学清水義雄教授撰写了感性工学教材《感性工学への招待——感性から暮らしを考える》，该书分为 13 章，内容涉及心理学中的感知觉规律和人的感觉、欲求的测量，以及感性在工业设计、视觉传达、时尚、媒介、艺术、文学等领域的体现和运用。它将感性工学的学科结构和研究领域分为三个部分：

感觉生理学：偏重生理角度的研究，利用仪器、实验测试或 SD 量表等定量研究方法对人类的感性进行评估；

1 Mitsuo Nagamachi: "Kansei Engineering: A New Ergonomic Consumer-oriented Technology for Product Development", International Journal of Industrial Ergonomics, No.15, (1995), p.3–11.

2 SD 量表，即语意差别量表，它是由查尔斯·奥斯古德（Charles Osgood,）等人于 1957 年研究开发的，研究的焦点是测量某个客体对人们的意义。其测量方式是，确定要进行测量的概念，挑选一些用于形容这些概念的对立（相反）的形容词、短语（即形容词对），请被测者在量表上对测试概念打分，研究者计算每一对形容词的平均值，再构造出意象图。

3 ［台湾］林千玉：《探讨字形效果之意象评估》，选自《工业设计》，第 28 卷，第 2 期，2000 年 11 月。

感性信息学：运用计算机对感性信息进行统计、分类、分析、建模等，建立可供决策者使用的信息库，帮助制造商改进、获得设计方案；

感性创造工学：将感性工学理论运用于设计、制造中，提高产品使用者对产品的整体的、综合性的体验。

第二个阶段始于近十几年，心理学中最前沿的领域——生物心理学、神经心理学影响到感性工学，研究转向与生物学结合的研究方式，心脑科学的研究成为主要趋向和基点。代表人物是筑波大学的原田昭教授，他自 1997 年起，致力于通过眼睛记录相机、摄像机、计算机、机器人等装置记录和实验，描述人在艺术欣赏过程中的行为特征，将感性的艺术品欣赏变成了测量的、数字化的结果，使感性的东西转化为一种可测量的理性结果。如图 1-15 表现了原田昭教授所主持的一项"美术馆内欣赏艺术作品行为和情感"的研究项目，其中研究者令使用利用带有眼睛记录相机的人通过计算机参观美术馆，以及使用遥控机器人取代真人进行实地参观，从而研究观赏者的参观顺序；每幅画吸引人的程度；对每幅画的细节如何欣赏等[1]。（图 1-15）

1.4.3 基于仪器的设计心理学研究

正如近年心脑科学成为心理学研究的热点一样，在现代科学研究越来越重视实证研究的前提下，学者们越来越希望最大限度排除研究中的主观性和经验性，因此仪器测量成为了设计心理学研究的热点，即运用科学仪器作为主要手段，来记录和测试主体外在行为，分析和发现其背后的心理机制，常用的仪器包括眼动仪、脑电

带着眼动摄像机（eye mark camera）的观众通过计算机浏览美术馆内作品。

眼动轨迹

通过遥控机器人，远程欣赏美术作品。

来自机器人的参观过程录像资料

图 1-15　博物馆内观众欣赏艺术作品时的行为描述。

图、虚拟现实设备等。使用仪器研究能保证研究结果的客观性，并可反复检验，因此仪器测试也得到了设计心理学领域的学者们的广泛关注。

其中眼动仪（眼动照相机）的测试方式是，使用精密视线追踪装置，将被试观察设计物的眼动轨迹记录下来，并通过分析眼动仪记录的数据，判断被试者对设计的注意程度，关注的部分，据此对产品原型提出改进建议。目前存在多种眼动测量指标：注视时间、注视次数、视觉扫描路径、长度和时间、

1　参考［日］原田昭：《感性工学研究策略》，清华国际设计管理论坛，2002 年。

眼跳数目和眼跳幅度、回溯性眼跳比、瞳孔尺寸的变化等。从产品可用性的测试来看，通常注视次数少、注视时间短、扫描路径和时间短通常表明原型设计合理，用户容易使用且较少出错。相反，如用以评价广告设计、造型设计时，瞳孔变大、注视时间变长、次数增多等则表明用户对观察的产品部位感兴趣（但原因并不能确定）。

早在 20 世纪 20 年代，国外学者就已开始通过简易的眼动仪器来研究广告心理，做了一些很有价值的探索。如利用特殊的照相机来研究被试的眼睛注视了那些地方，多长时间，以及视线移动的次序。汤普森（Thompson）和卢斯（Luce）曾用眼动仪记录了读者阅读杂志广告的眼动情况，发现多数读者先阅读广告的标题，其次是图案，最后才可能注意广告上的文字说明。图 1–16 是 1969 年日本电通公司对一张佳能相机的广告进行的眼动研究，研究结果表明，被试者几乎都是先从图中的猫的眼睛、鼻子看起，再注视大标题，然后眼睛下移注意到照相机，研究表明人们注视很少注意这张广告的正文，而更注意其中的插图。1997 年，洛泽（Lohse）等人使用先进的眼动仪器对阅读电话号码簿上的广告进行了眼动研究，发现读者更喜欢阅读彩色的、图像的、面积较大的广告，并且喜欢看标题部分的广告，而末尾的广告几乎无人注意。（图 1–16）

近年，用户研究和可用性测试中也常常使用眼动仪，图 1–17 是 2004 年北京某公司使用眼动仪对手机外观喜好倾向进行的研究。实验首先记录了 18 名参与者注视图中手机外观的眼动情况，再与问卷调查法和访谈法的结果进行比较，最后得出结论：手机外观的眼动指标和主观评价具有一致性；不同主观评价等级分别与平均注视时间、注视总时间及注视频次间存在着显著相关性；问卷中越受喜好的手机，

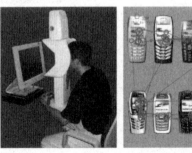

图 1–16 日本电通公司进行眼动研究使用的佳能相机广告示意图[1]。

图 1–17 眼动仪（左）以及手机外观的眼动研究（右），其中圆圈表示注视时间的长短，圆圈越大停留时间越长，直线表示视觉扫描的轨迹[2]。

1 图片来源：阎国利，《眼动分析法在心理学研究中的应用》，天津教育出版社，2004 年版，第 368 页。
2 本研究 2004 年由北京伊飒尔界面设计公司与北京首都师范大学合作进行，具体参见 www.isaruid.com。

平均注视时间和注视总时间就越长，注视频次越多。（图 1–17）

一、复习要点及主要概念

设计心理学 个体心理行为的四大因素 移情说 距离说 投射法 人机工程学
格式塔心理学 格雷夫斯的用户心理研究 高峰体验 霍桑效应 可用性 可用性工程
感性工学

二、问题与讨论

1. 如何理解设计心理学的含义及其研究对象。

2. 简要论述工业心理学与人机工程学的发展阶段以及发生转变的原因。

3. 结合你所做过的设计实践，分析其中涉及哪些心理现象。

4. 结合中国目前的国情和设计现状，谈谈如何理解设计心理学研究的重要意义。

三、推荐书目

[美] 唐纳德·A. 诺曼：《设计心理学》，梅琼译，中信出版社，2003 年版。

[美] 唐纳德·A. 诺曼：《情感化设计》，付秋芳、程进三译，电子工业出版社。

[美] 司马贺 (赫伯特·A. 西蒙)：《人工科学——复杂性面面观》，武夷山译，上海科
技教育出版社，2004 年版。

李彬彬：《设计心理学》，中国轻工业出版社，2001 年版。

赵江洪编著：《设计心理学》，北京理工大学出版社，2004 年版。

李乐山：《工业设计心理学》，高等教育出版社，2004 年版。

阿恩海姆、霍兰、蔡尔德等：《艺术的心理世界》，周宪译，中国人民大学出版社，
2003 年版。

[美] 理查德·格里格、菲利普·津巴多：《心理学与生活》，王垒、王甦译，人民邮电
出版社，2003 年版。

[美] 威廉·詹姆斯：《心理学原理》，田平译，中国城市出版社，2003 年版。

第二章
Chapter2 ◀

设计中的感觉与知觉
——以"视觉生产"为核心的艺术设计

近在眼前，我看见的可是一把刀，

刀柄对着我的手？来，让我抓住你。

手抓一个空，可眼前分明是把刀。

不祥的怪物，难道眼睛看得见你，

触摸却无影踪？否则，你就只是，

想象的刀子，一个虚无的臆造。

来自于这个昏热迷乱的头脑。究竟是别的器官蒙蔽愚弄了眼睛，

还是在我的视觉才唯一正确？分明看见

刀刃上，刀柄上，滴滴血迹，染红了

刚才还是银光闪闪的刀。怎会有这种事，一定是那件血腥的罪孽在脑中

作怪；

叫我眼花缭乱看出了神。

——莎士比亚：《麦克白》第二幕第一场

2.1 感觉

感觉是感受器——眼、耳等器官中的结构——所产生的表示身体内外经验的神经冲动过程。感觉是知觉的第一个阶段，是人对外界刺激的即时、直接的反映。

现代心理学则将感觉根据承受的不同分为了三类：外受、内受和本受。外受是指通过感觉器官（认知心理学中称为感受器）——眼睛、鼻子、舌尖、皮肤等感受身体外的事物变化；内受是人对自身肉体内部变化的感受，例如感觉饥饿、感觉头痛等；本受就是运动觉，也就是人对自身运动的感觉。也有学者主要根据刺激的性质将感觉分为两类：外部感觉和内部感觉，前者接受外部刺激，反映外部事物的属性，例如视觉、触觉、听觉、味觉、嗅觉等；后者接受内部刺激，反映身体位置、运动及内脏的状态。可见，前一分类中的"外受"即这里的外部感觉，而"本受"和"内受"被归为内部感觉。

感觉是"复杂经验建立的基本过程"，因此也是人类一切认知和思维活动的起点[1]。它主要具有两个方面的功能：一是生存需要，帮助人类适应外界环境，例如对食物和危险源的察觉；二是人们通过感觉获得各种生物意义上快乐体验，例如图像和音乐。这两个方面都是设计师在进行艺术设计实践时必须着重考虑的要素，感觉是用户认识、使用和改变对象的基础，也是用户体验的起点。

2.2 易于感知与难于感知：基于感知原理的设计技巧

2.2.1 感觉的多通道

感觉依赖于输入信息的性质、强度和差异。人们通过感受器接受来自外界和人自身的各种表现为刺激形式的信息，引起感受器神经末梢发生兴奋冲动，沿神经通路传递到大脑皮层中视觉、触觉等感受区，产生感觉。每种感受器只能对一种性质的刺激特别敏感，这种特别敏感的刺激称为"适宜刺激"，例如听觉感受器——耳的适宜刺激是一定频率范围的声波，视觉感受器——眼的适"通道"（Modality）是认知心理学中的术语，是指人们接受外界刺激的不同感觉方式，人们的感觉通道对应各种感觉器，包括视觉、听觉、味觉、嗅觉、触觉等通道。近年来，"通道"一词常用于用户界面分析和设计中，原因在于：既然人们的每种通道（对应各类感觉器）仅允许一类适宜刺激通过，并传入神经中枢，所以当我们设计物品时，为保证各种必要信息能充分为人所察觉，必须考虑允许用户利用多个感觉"通道"，以自然、并行、协作的方式进行交互，整合各通道的特点和适宜条件，提高人机交互的自然性和高效性。

多通道界面的研究和运用作为与设计心理密切相关的一个新领域在欧美发展迅速，如微软亚洲研究院、英特尔公司等知名科技公司都设立了专门的

1 心理学家冯特（Wundt,1907年）提出：感觉和情感是复杂经验建立的基本过程，理查德·格里格等：《心理学与生活》，第74页。

多通道用户界面设计团队，旨在主要探索多通道信息输入技术和信息整合方法，探索视线跟踪、语音识别、手势输入等新的交互技术和产品。这一方面的研究将在不远的将来，带来人们接受信息和控制产品的方式上的巨大变革，因此对设计而言具有深远意义：一方面，它是易用设计和人性化设计的福音，将帮助某一类或几类感觉通道受到损伤的残障人士克服生活和工作上的缺陷，表 2-1 中列出了几种弥补视觉障碍者的设计，主要便是利用听觉、触觉通道的输入弥补视觉通道的不足；另一方面，它将提供人们更自然地控制产品的方式，人们将不再需要努力学习界面控制的方法，而仅通过最习惯的语言、手势、文字便可以控制复杂的智能机器。

表 2-1 常见针对视觉障碍的可用性设计

可用性设计	说 明
听觉菜单	以听觉的方式呈现给用户的菜单，例如电话应答系统中："按下 1 可以定购手册，按下 2 可以报告维护方面的问……"
文本发音系统	提取文本并利用合成器翻译成为言语的系统，它适用于那些语言存在障碍的用户，目前国际会议中用到的翻译机就采用此类设计。
口语界面	通过语言来实现所有任务控制的系统。这种系统是目前国际人机界面研究的一大焦点，同时也面临不少挑战，例如不同方言或非母语用户口音的辨别等。目前的系统一般通过一定限制来实现其可靠性，包括限定系统的词汇量；对系统进行用户的语音识别训练；利用前后文的关系加以分析识别等。
触觉装置	最常见的就是盲文，以及盲人使用的键盘等类似的设备，通过界面上一定的凹凸，来帮助盲人完成信息的输出或输入。

图 2-1 联想公司的概念设计，使用盲文的键盘，于 2002 年联想工业设计周展出。

图 2-2 使用盲文及音频提示的 ATM（自动提款机）。

2.2.2 阈限

1. 绝对阈限与差别阈限

感觉依赖于输入能量的差别，也就是刺激的水平，阈限是使个体产生感觉的刺激水平，人能明确感觉到的刺激，其强度必须处于一定范围内。

值得注意的是这里所提出的"一定范围"的概念，即每种感受器只能接收一定强度的适宜刺激，这种能引起人体产生感觉的最小刺激水平称为绝对阈限。那么究竟能使人产生的感觉体验的强度应该多大，这是所谓的"心理物理学"[1]的研究主题，它是心理科学中最古老的一个领域。比如人的视觉能感受 380-780 毫微米的色光（可见光），闪光频率阈限值为 50Hz[2]，能听到频率为每秒 20-20000 赫的声音，人的手指尖可以感受大于 3（克 / 平方毫米）的压力，能闻到约 1 米以内的气味等，这些都是设计师创意的依据。19 世纪德国心理学家、物理学家、实验美学家费希纳不仅提出了"心理物理学"的概念，还基于"阈限"的概念提出所谓"审美阈"原则，他认为美感类似其他感觉，也存在阈限，因此美感的刺激也必须达到一定强度才能进入审美阈。

另一方面，外界刺激的强度又是一种相对强度。虽然神经系统对于任何刺激都有反应，但人明确感觉到刺激，不仅如传统理解的那样，需要超出感觉阈限；并且通常只有刺激超出一般规律的变化，才能作为外界信号被接受，这种两个相似刺激之间被觉察到的最小差别叫差别阈限（J. N. D just noticeable difference）。如实验心理学中最古老的定律之一的韦伯定律认为的那样：外界刺激之间的最小可觉差[3]与标准刺激强度比值是恒定的，也就是说，所能觉察的强度的最小差别，和背景强度成正比，标准刺激越强越大，则达到最小可觉差的刺激增量越大，公式写为 $\Delta I/I=K$。[4]比如一支蜡烛放在黑暗房屋或明亮房屋所引起的感觉差别显著，白色服装上的弄脏的黑点儿，和黑色衣服上同样的脏点相比也要显著得多。当额外刺激的强度不能引起个体的感觉，则是一种感觉上的适应，即"习惯于"一定水平的刺激，也就是俗语所说的"久闻不知其臭"、"闹市读书"等，在这些情况下，人的感觉适应了一定水平的刺激，标准刺激（不发生较大变化）的刺激不能引起人的注意，只有当再次超出差别阈限的刺激时才能会使其注意，也就是受到干扰。

2. 阈限的运用：吸引注意和不易察觉的变化

阈限决定了人们易于或不易察觉周围事物以及它们的变化，设计师可以

---

1 心理物理学是研究物理刺激和刺激所产生的心理行为与体验关系的心理学分支。

2 也就是说，人们凭借肉眼不容易感受到频率高于 50Hz 的闪光。

3 即 JND，just noticeable difference，最小可以觉察的差别。

4 ΔI 是最小可以觉察的差别的增量，I 是标准刺激强度，K 是一个常数。

从正反面对此加以理解和运用。

首先，有时我们需要提高阈限水平，从而达到吸引消费者或观众的目的。比如，消费者在商场中选购产品时，如果各类产品的造型、包装设计类似，相差不大，顾客便对它们视而不见，单纯凭借购买习惯或经验选择对象。而其中之一的包装、造型或其他方面呈现出与其他物品具有较大差异的时候，对人的知觉刺激达到差别阈限以上时，顾客便能注意到这件商品，这其实是设计师追求设计独特的重要原因之一，创新固然是功能增加、效能提高的必然结果，而在市场竞争中，特异性和陌生感则主要源于促销的要求。

在使用方面，"易视性"则体现了对达到绝对阈限和差别阈限的基本要求。易视性，即指产品和界面中的所有的控制件和说明指示，以及用户行为所造成的变化都必须显而易见。其中包括两个要点：第一，存在说明和差异；第二，说明和差异的变化可见。比如图2-3，两张都是拖拉机的驾驶室，下图中的操作杆的设计明显优于上图，其中不同的操作杆采用了不同颜色和造型编码，相互差异一目了然，而上图中的操作杆采用同样的形式，并且排布密集，

这样的设计无疑很容易造成误操作。

易视性似乎是一个很简单的原则，但实际操作中出于各种原因，可见性不佳的设计比比皆是。例如为了追求版面效果而过小过细的字体，小巧便携设备上的难以辨认的按键，以及按键上的说明，还有用户操作得到反馈信号过小过微弱等。这些设计有时是设计师的无心之举，有时却来自设计师对形式和风格的追逐，这实在是值得现代设计师反省的问题。

另一方面，设计师有时却需要将差异性和变化降低到阈限以下，使人们不易察觉。例如图2-4的

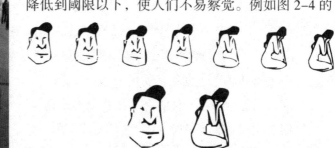

图2-3　两款拖拉机的驾驶室。　　图2-4　差别阈限内的图形演变（费希尔，1967年）。

图形设计：男人的脸与女人体本来差别很大，但如果对比变化的每个阶段都控制在视觉阈限内，观看者就很难感觉到变化。差别阈限常常被运用在设计换型中，商家有时担心过大规模的换型可能会影响以往产品在消费者心目中的形象，尤其是那些深得消费者喜爱的产品，因此往往将新型号的变化控制在差别阈限范围内，使消费者能逐步接受这种变化如图 2-5、2-6 中数码相机和手机的逐步演变，以及图 2-7 中的 IBM、百事可乐、美国贝尔电报电话公司的标志演变过程。

当不同差别的变化同时发生时，还存在所谓的"遮蔽效应"，即强烈的变化会阻碍对微妙变化的知觉。心理学中以"通道"流量来解释这一问题，即心理只有有限的资源来执行全部信息加工，强烈的变化带来了巨大的信息量，它占用了大量的信息通道，其他信息则被过滤掉了，因此人们在感受到巨大变化时会忽略掉那些较微妙的变化。贡布里希曾用这一现象解释面具[1]或者"类型"内差异不易被人所察觉的现象。他提出正是由于这种遮蔽效应，人们会对较小的面容变化，或者说"人格面具"内的变化视而不见，而仅仅看到较大的"面具"的变化[2]。例如欧洲人看到中国人都很相像，因为他们只接受了较大的变化——"面具"的变化，而这种变化遮蔽了较小的变化——面容

图 2-5 SONY 经典 P 系列数码相机（上）和 T 系列数码相机（下）的外观演变。

图 2-6 索爱手机外观演变。

图 2-7 IBM、百事可乐、美国贝尔电报电话公司标志的渐变过程。

---

1 贡布里希所说的"面具"是指人格面具，是一种变通的认知范畴，是能使人塑造成某种形象的肖似。
2 参见贡布里希《面具和面孔——生活和艺术中对面容相像的知觉》，范景中选编《贡布里希论艺术》，湖南科技出版社，2004 年版。

的变化。遮蔽效应在设计中很常见，例如用户往往能注意到大的换型，而同时发生的小的细节调整则很难立刻被认知；并且色彩类似的两个图形常常会被人们记混等。

除了阈限上的刺激会对主体产生反应，其他比较弱的刺激，虽然不会被主体所感知，但也能被感受器所接受，这被称为阈下知觉。目前还没有很成功的实验能证明阈下知觉能对主体的行为产生影响，但许多学者相信阈下知觉能影响主体的情绪，例如商场中放的舒缓的音乐，虽然主体不会很注意，但可以平静主体的心情，缓解拥挤、嘈杂对消费者的不利影响。

2.3 视觉

视觉是人类最复杂、最重要的感觉，也是目前研究最全面和广泛的感觉方式。眼睛是视觉的感受器，其作用是将编码成神经活动（一系列电脉冲）的信息送入大脑，这些神经活动借助于神经密码和大脑活动的模式，代表着外界物体。艺术设计的主要任务是造型，是为一定目的创制的结构[1]，艺术设计是作为具有实用价值和艺术价值的造型而存在和被感知的；人们感知造型的最主要的、最重要的通道是视觉，无论是绘制草图、蓝图、结构图、效果图、制作模型到最终产品都离不开视觉。视觉重要的特性包括颜色视觉、运动视觉、明度视觉等。

2.3.1 颜色视觉

个体能察觉颜色是依赖于各种色彩的物体反射到视觉感受器上的光线，大脑对光线进行加工，产生了颜色视觉。颜色视觉的第一个科学理论是杨格（Thomas Young）于 1800 年提出的，他认为正常人的眼睛具有三种类型的颜色感受器，能对红、绿、蓝三种色光产生基本感觉，其他颜色都是这三种颜色加减混合得到的，三种色光混合在一起获得白光（杨格—赫尔姆霍兹理论三原色理论）。根据这一理论，色盲患者是由于缺少一两种感受器所导致的。现在这一理论已被生物心理学所证实，即人的视网膜上的确存在三种锥体细胞，分别对特定范围的波长起作用。

我们从绘画的常识中了解到，色彩的三原色包括红、黄、蓝而不是红、绿、蓝，原因在于调色并非混合光，而是用颜料所吸收的颜色除外的全部光谱混

---

1 李砚祖：《设计艺术概论》，湖北美术出版社，2002年版，第62页。

合起来[1]。通过使用棱镜、滤光镜或干涉光栅可以得到混合的色光，摄影艺术中被广泛应用的"滤光镜"就是通过"过滤色光"而达到特定效果，例如提高对比度、减少某些反光以增强物体的质感等。比如拍摄带有绿叶的红花，若红花与绿叶的明度相当，拍摄在黑白照片上的色调就几乎没有差别，要使绿叶表现得强烈些，就使用绿色滤光镜。要使红花表现得强烈些，就使用红色滤光镜。一般来说，加强颜色的表现所使用的滤光镜，应与需要加强的颜色相同。

但三原色理论无法解释"视觉后效"的现象，也不能解释为什么色盲无法分辨成对色（红绿、黄蓝），于是还存在色彩视觉的另外一个重要理论——海林（Ewald Hering）的拮抗加工理论。这一理论提出，所有的视觉体验产生于三个基本系统，每个系统包含两种拮抗成分，红绿、黄蓝、黑白，也称为互补色，互补色之间具有拮抗作用，当一个成分疲劳或过度刺激，就会增加拮抗成分的相对作用，例如人们看一块红色一段时间后将视线移开，会看到一块模糊的绿色，这就是拮抗作用（也就是"视觉后效"）。

2.3.2　明度视觉

明度是对照射在视网膜上的一定强度的光的感受，它受到两个要素的影响，一是眼睛的适应状态，二是光的强度。明度视觉是最基本的视觉，对一般人而言，视觉是由明度和颜色组成的，并且明度还是色彩的三大属性之一[2]，人们的色彩视觉也受明度视觉的影响。

科学研究发现，人的视网膜上有两种对光敏感的细胞，锥体细胞（cones）和杆体细胞（rods），在明亮的环境下，锥体细胞起作用，杆体细胞被抑制；在黑暗的条件下则正好相反。人对光线的适应分为光适应和暗适应，人眼从暗处转向亮处即光适应，这个过程很快，大约不到一分钟；而反之，从亮处转向暗处——暗适应则相对较慢，大约需要30分钟甚至更长才完全适应。因此照明中光线不可直射人眼，避免眼睛适应过程中造成的能见度下降的现象。经过暗适应后，眼睛的其感受能力会提高，再感受到的光会更加明亮，产生的原因是黑暗中停留一段时间后产生作用的杆体细胞比锥体细胞更加敏感，能对微弱的光线进行反应。

影响明度视觉的另一个要素是周围环境的光线强度，其原因可用"差别阈限"的原理加以解释，即较黑背景下的同样明度的物体看起来比较明亮，

1　[美]R.L.格列高里:《视觉心理学》，北京师范大学出版社，1986年版，第108页。
2　色彩的三大属性是明度、纯度和色相。

图 2-8 明度对比导致的光强度的错觉。　　　　　　　　　　图 2-9 明度对比的错觉。

反之要想使物品显的较为明亮，则需要使其背景明度差别较大（更黑或更白）。图 2-8 中明度对比产生的错觉就很能说明这一现象。图左和图右的放射线条是明度相同的白色，但是黑色背景上的线条比灰色背景下的线条显得明亮许多。图 2-9 也是如此，同一圆环，左边一半似乎比右边一半黑，这就是明度对比所带来的错觉。古人早已开始有意识地在艺术设计中运用这一原理，例如李渔在《闲情偶寄》中写道"簪之为色，宜浅不宜深，欲形其发之黑也"[1]；

图 2-10 [丹麦] 保罗·汉宁森，PH 灯具，1931 年（上）/1958 年（下）。

就是利用明度对比，以浅色发簪反衬发色的黑亮。

与之相应，当人的视野中物体与背景间的亮度对比过大时，就会造成视觉不适或能见度（visibility）下降，这也是人机工程学常谈到的"眩光"（glare）。避免"眩光"是灯具设计中最重要的问题之一，一般而言，灯具不应使光线直达人的眼睛，而应经过反射降低强度。例如丹麦设计师保罗·汉宁森（Poul Henningsen）设计的 PH 灯，它使人们无论从任何角度都看不到光源，并避免光源与背景亮度过大所带来的眩光，而且还减弱灯罩边缘的亮度，防止灯具与黑色背景形成过大反差，造成视觉不适。它的成功在于，虽然它是从光感觉的角度出发解决实际的照明问题，而这种直接针对问题的设计造就了一种简洁优雅的形式，使美观与实用完美地结合在了一起。

1 [清] 李渔：《闲情偶寄》，天津古籍出版社，1996 年版，第 234 页。

2.3.3 运动视觉

运动视觉是感觉物体空间位移和移动速度的视觉。觉察运动对于动物至关重要，因为运动的目标对于动物而言，往往是危险源或者食物，需要动物进行快速的回应，并且动物常常会忽视那些静止的物体。学者们认为只有最高等的动物才能察觉那些静止的物体，人类的运动视觉也具有类似特征，因此运动的物体格外容易吸引人的视觉注意。这解释了为什么同样的广告，那些具有一些变化的，或者运动的广告更能引起人的注意。当然闪烁的、运动

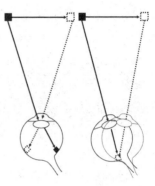

图 2-11 网膜—映像系统（左）和头眼系统（右）对运动的感觉。

的物体虽然较为吸引人的注意力，但同时，过度的注意容易加重人的信息加工的负荷，从而导致视觉疲劳，因此人们在那些灯光摇曳的场所较久滞留，会感觉头痛和恶心。

人们对物体空间移动的信息有两种不同的视觉途径：网膜—映像系统和头眼系统（如图 2-11）。前者是指眼睛保持相对稳定，活动物体的网像很快移过感受器，运动物体在网膜上引起迅速移动的像；后者是通过眼睛追随活动的物体，在这种情况下，落在网膜上的像或多或少是静止的，并不能发出运动信号，此时是通过背景获得速度信号的。但即使没有来自网膜的背景信号，我们也同样能看到运动，例如在黑暗中看到一个移动光点，在这种情况下是眼睛追随光点引起头部转动而产生的运动知觉。并且，当眼睛正常运动时，网膜—映像系统与头眼系统之间发出的运动信号似乎能相互抵消，以保证视觉世界的稳定。比如我们在房间内移动视线，仍能感觉房间静止。这种相互抵消以保证人能感知一个稳定的世界的现象已被承认，但其背后的机制则仍存在争议。

视觉所能察觉的运动具有相对性，不论任何运动，大脑都必须依据一定的参照间架，决定什么在运动，什么在静止。例如当人乘坐汽车等速度较快的交通工具可能出现这样的错觉，当汽车向前行驶时，观察者会感觉外面静止的景物在向后运功。这是因为这些情况下,视觉是人们感受外界信息的基本来源，而他们静坐着缺乏必要的动觉和振动感，就将运动强加给周围的物体。又比如我们看到电影中的人不断奔跑，其实他的像在观众视野内的位置并没有改变，观众主要根据画面中的景物不断向后的移动感觉到他向前的运动（图 2-12）。格式塔心理学家邓克尔还发现人们倾向于将小的物体看做在运动，将大的物体

看做静止的，例如一个光点投射在幕布上，幕布移动，而人们会感觉光点在移动。这种手法目前在各种动画艺术设计中被广泛应用，一般动画中要表现人的奔跑，往往是人在原地做奔跑的动作，而周围的景物不断向后移动。

图 2-12 动画中的人物，常常本身并没有在画面中运动，而仅凭借其原地动作，以及背景的移动，使人产生向前运动的感觉。

此外，动画本身是一种对视觉的欺骗，那些画面原本是一系列静止的画面，而我们所以能感觉到它们是连续的动作，主要因为所谓"视觉暂留"现象[1]。视觉暂留是指人的视觉存在一定惰性，不能立即根据外在刺激的变化而发生变化，因此闪烁率大于每秒 50 次的光就感觉是稳定的光源了，电脑显示器就是基于这个原理设计的，其表面实际上就是一些闪烁的点，而常说的显示器的刷新率也就是这些光点闪烁的频率，因此当刷新率大于 75Hz 的情况下人的视觉比较舒适，低于 75Hz 则会感觉显示器在不断跳动，影响舒适度。动画画面的原理与此类似，当画面以 24 帧每秒以上的速度变化时，人们就会感觉画面是流畅的连续的动作（注：每帧事实上闪烁 3 次）。

2.4 现实与感知：视觉游戏

2.4.1 知觉

知觉（perception）是对感觉经验的加工处理，是认识、选择、组织并解释作用于我们的刺激的过程（哈勒尔，1986 年）。某种意义上而言，知觉包含感觉、或者相当于我们所谓的"感知"过程。从这个角度出发，知觉被划分为三个阶段：感觉、知觉组织以及辨别与识别客体[2]。其中，感觉将物理能量转换为大脑能识别的神经编码，它提供了知觉的基本材料；知觉组织是对认知对象进行内部的表征的过程，它将主体的过去的经验、知识，以及感觉输入材料整和在一起，形成可供主体辨别或识别的知觉；最后一个阶段是辨别和识别的阶段，这个阶段主体赋予知觉以意义。辨别和识别过程已不是一个单纯的生物过程，它还涉及到主体的价值观、哲学态度、文化背景、对客体的态度期待等较高水平的认

1 似动是一种实际上没有动而知觉为运动的错觉。似动最简单的形式是 Φ 现象（phi 现象），即视野内的不同位置的两个光点以大约每秒四五次的频率交替出现，使人感觉光点忽明忽暗，光点在两个位置之间来回移动。
2 [美] 理查德·格里格、菲利普·津巴多：《心理学与生活》，王垒、王甦译，人民邮电出版社，2003 年版，第 102 页。

知加工过程，也是认知心理学的研究主题，我们将在第三章中加以详细阐述。

格式塔心理学家认为：知觉是具有理解力的，即知觉本身具有能动性，能积极地搜索、选择、组织、识别物体。阿恩海姆在《视觉思维》中写道：这些认识活动是指积极的探索、选择、对本质的把握、简化、抽象、分析、综合、补足、纠正、比较、问题解决，还有结合、分离、在某种背景或上下文关系中作出识别[1]。其实，这种"理解"不是人运用逻辑思维能力进行推理、归纳得来的结果，实质上是知觉组织的过程，这是一种自发、自动的过程，有时在人们还没能意识到之前，就已经发生了。

2.4.2　知觉组织

耶洛姆·S.布鲁诺在《论知觉的敏感性》一文中说道："一切知觉经验，都必定是某种分门别类的加工过程的最终产品。[2]"这种分门别类的工作就是将感觉信息组织到一起使人们能形成连续知觉的过程。目前比较受公认的知觉组织规律多数是由格式塔心理学理论所完成的，正如考夫卡认为：每一个人，包括儿童和未开化的人，都是依照组织律经验到有意义的知觉场。

知觉组织的一般规律包括：

1. 简洁律

格式塔心理学家认为心理组织将总是如占优势的条件所允许的那样良好（good）[3]。即形不是要素的简单并置，而是构成客体的所有成分之和。人们的知觉有一种"简化"的倾向，所谓"简化"并非仅指物体中包含的成分少或成分与成分之间的关系简单，而是一种将任何刺激以尽可能简单的机构组织起来的倾向。例如我们看到古希腊、罗马的雕塑，或现代主义的建筑，它们并非简单，但它们使我们感觉简洁，这些最好、最规则（对称、统一、和谐、有规律）的形能给人带来愉悦。现代信息论的研究就这一机制产生的原因作出了解释，认为是为了更有利于生物更有效、快速地收集信息，在最短地时间内认识外界环境；而那些信息量大，或者秩序混乱的对象，人的知觉系统会滤除其中的无关信息，以提高人信息加工的效率。那些高度概括的漫画就是说明了这一点，人们能通过对象的某些突出特征识别对象，而剔除那些不显著的，或能通过认知组织加以补充的信息。

这种知觉简化的特性对人的认知产生正反两个方面的影响，一方面它自

1 [美]鲁道夫·阿恩海姆:《视觉思维》，滕守尧译，四川人民出版社，2001年版，第17页。
2 转引自[美]鲁道夫·阿恩海姆:《视觉思维》，滕守尧译，四川人民出版社，2001年版，第105页。
3 [德]库尔特·考夫卡:《格式塔心理学原理》，黎炜译，浙江教育出版社，1999年版，第110页。

43

身的力使它呈现向最简化的结构或紧张力减少的状态发展的倾向，体现为人们对于简洁、对称、规则图形的喜好，并且他们倾向于将感知的要素组合为整体；另一方面，简化、规则的倾向使人们的活动变得简单、程序化，这样就会有相反的力则对它起到抑制的作用，竭力想保留和突出这一痕迹中的个性特征，并试图破坏这种完美、和谐。有人将这一观点延伸到了知觉以外更高层次的社会心理现象，认为"在思想观念领域，这种对简单的格式塔的依赖，则是造成陈腐的社会偏见以及由此带来的社会之停步不前的重要原因，在这种情况下，只有天才人物的出现，才有可能破坏这种已有的圆圈，使这一领域重新成为开放的，也只有这时，才会出现朝气蓬勃的革命性变革。[1]"事实上，这种破坏完美、统一、最简形式的现象非常普遍，也许造就革命性变革需要天才人物才能实现，而日常生活中，人们认知系统的每时每刻都经历着这种对立。

视觉艺术中，这两种倾向的对立表现非常显著，贯串整个艺术、设计艺术发展的始终。第一种倾向使人们喜好那些简单、协调、对称的形象，例如艺术中的古典主义，设计艺术中的现代主义等；然而，另一种倾向又促使人们热衷于那些紧张的、扭曲的、复杂的形象，例如艺术中的表现主义，设计艺术中的洛可可、新艺术以及后现代主义倾向。虽然艺术风格的演变还受到目的、功能、工艺等因素的影响，但设计艺术史中设计风格简洁—复杂的交替更迭发展也许与这两种对立倾向的作用密不可分。如图2-13中，明代黄花梨木变体圆角柜，造型简练，线条流畅，朴实大方，具有一种简练、和谐、均衡的美，而随后明代家具的简练风格为清代的繁缛风格所替代，图中清代紫檀木雕云龙大方角柜，受西方"洛可可"影响，追求豪华富丽，求满求多的装饰；现代主义建筑（格罗皮乌斯，包豪斯校舍）造型简洁，朴素，富有

图2-13　明代家具与清代家具风格对比以及典型的现代主义建筑与后现代主义建筑对比，风格简洁-复杂的交替更迭从一个侧面表明了人的认知中良好-破坏的正反两方面趋向。

1 滕守尧：《审美心理描述》，四川人民出版社版，2001年版，第99页。

图 2-14　形状恒常性：缺乏场景信息的椭圆只能被感知为椭圆，而放置于一定的场景中，则可能被感知为圆形的铁环或者钟表。

秩序，而之后出现的后现代建筑（穆尔，美国新奥尔良意大利广场）造型奇特，复杂含混。

2. 恒常律

恒常律是指人的知觉具有恒常性，恒常性是指客观事物本身不变，但其给人们的感觉刺激由于某些外界条件变化而在一定限度内变化，人对它的知觉不变。恒常性的产生与人的知识和常识相关，人的视知觉会自动通过将外界的刺激信息与大脑中的记忆组块加以比较来识别外界刺激。

视觉恒常性中最常见到的就是大小、形状和方向恒常性。这三类的恒常性较为类似，是指即使物体在视网膜成像事实上已经发生了大小变化、形状的倾斜或者方向偏转的情况下，人们仍然能正确地感知物质的实际形状。比如一个物体无论放在距离远近的位置，我们都能辨认出这是同一物体。大小、形状、方向的恒常性的产生主要来自两个方面的信息：一是画面中的情境线索；二是人们的先验知识。这样，即便那些稍作变化的刺激信息通过加工处理之后仍能被人按照原貌识别出来。如图 2-14 所示，如果单纯放置一个椭圆，那么我们只能凭借直接的感知辨认出这是椭圆，而如果将这个椭圆放置到一定的情境下，就能将它知觉为一个变形的圆环或者转到不同角度的圆形钟表。

图 2-15 中玛丽莲·梦露的头像是一个方向恒常性的例子，仔细注意，我们可以发现她嘴倒了。首先对这位知名演员的先验知识导致的期待影响了我们发现这一变化，并且由于人们对外界刺激的感知具有重整体而轻细节的特征，因此很难发现这一细微变化。但是恒常性如同其他视觉感知一般，当变化仅在一定阈限范围内时才能发挥作用，而当变化超出一定范围后，

图 2-15　方向恒常性：两张梦露的图片是否一样？注意她们的嘴唇部分。

就会迷惑人的感知，并且当人们对所识别的物体没有多少先验知识的时候，恒常性则也可能失效。例如图 2-16 中的英文单词（Welcome to Beijing），如果我们将它倒过来，就会影响识别的速度。

视觉的恒常性除了上述大小、形状、方向等形体上的恒常性之外，还有明度的恒常性、色彩的恒常性等。前者是"光适应"的另一种说法，而后者则

常常能在那些表现光线变化的画面中。比如夕阳将整个画面抹上了一层金色，可是我们仍能凭借色彩恒常性判断出其中包含的各种色彩。并且，除了视觉具有恒常性，其他感官也同样具有恒常性的特点，包括嗅觉恒常性、听觉恒常性、触觉恒常性等，俗语中常说"久闻不知其臭"，所说的就是嗅觉的恒常性。

3. 图与底

"图"是居于前部的区域，"底"是被看成用来衬托图的背景。相对而言，图比底，轮廓较为完整，封闭，形状较为规则，面积比较小，色彩比较浅；此外，更重要是能组织成为一定意义的区域倾向于感觉为图。当图形中以上几点特性都不显著时，图、底区别就不太明显，例如错觉中的"两难图形"多数就是属于图、底难以区分的情况。但实际中并非要这几项特性同时具备时，人们才能明确区分图与底，有时只要其中一项非常明显就很充分了。

图 2-18 [瑞士] 埃舍尔,《天使与魔鬼》.《天空与水》, 通过图形设计使图与底巧妙地加以互换。

由于图与底之间存在的这种相对性质，在设计艺术中有些情况下，需要明确区分图与底，这样通常的目的是为了明确传递信息和意义，例如书籍中的文字和插图；有时，设计师则刻意不区分图与底，使其出现一种模糊、闪烁的效果，一方面能增加画面的复杂程度和趣味，另一方面可能是因为这些图、底交织的画面并非是想让人们能清晰辨

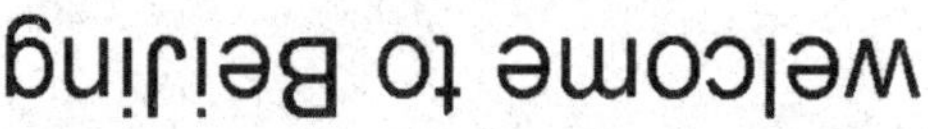

ǝniɾi∃8 oʇ ǝɯoɔləʍ

图 2-16 当先验知识不足或对认知对象不熟悉时, 恒常性则可能失效。

WTERU, **WTERU**

图 2-17 左边的图形, 没有明暗对比, 并缺乏封闭的轮廓, 因此图、底比较模糊; 如果将字母变黑, 就能很容易地分辨出这些字母。

析其中的内容，而仅仅作为一种装饰或图案。瑞士
艺术家埃舍尔就是运用图底创造奇妙效果的大师，
其多幅作品都表现了图与底之间微妙有趣的变化，
为之后的艺术设计提供了不少灵感来源（图2-18）。

中国的传统国画就很讲究图与底的使用，所谓
"绘事后素"，根据朱熹的解释，即"后素，后于素也"，
即是说先以素为质地，然后施以五彩。其实这里就
是一个图与底的关系，白色的底上绘以中国画的五
色，而这些留白也同样其妙无穷，可以是湖水、可
以是远山，可以是天际，可以是云海。其心理机制
在于，人的知觉的理解力和组织力能将过去的感觉
经验与当前的感觉输入整合起来，通过知觉加工后

图2-19 [清] 石涛，《淮扬洁秋图》，
底不是空白，而具有充当水、天、
留白等多种作用。

形成可被再认的客体知觉，人们通过想象和以往的经验，将这些留白赋予了
意义（图2-19）。

那些图和底没有明确界限（轮廓）的图形也为视觉创作提供了丰富的素
材来源，它们主要分为两类：两可图形，存在多种辨认可能性的图形；错觉
轮廓的图形，即人的知觉自动将画面要素组合成某个完整的图形。

两可图形是一些模糊的、不稳定的图形，它们使人们能对单一的图像在
知觉和辨认上产生多种可能。总体而言，形成两可图形的原因有两种：1）由
于识别阶段的模糊性造成的，一般是由于图形构成要素的位置和形状模糊，
导致人们识别模糊。比如你能发现图2-20中的总统华盛顿吗？它是查密考尔
（Charmichael）1951年创作的《墓地与华盛顿的影子》，图2-21骷髅中的少女，

图2-20　查密考尔，墓地与华盛顿
的影子。

图2-21　还是少女。

图2-22　老妇和少妇。

还有,图 2-22 到底是少女还是老妇人? 2)由于知觉组织阶段的模糊性造成的。这些图形虽然具有清晰的轮廓,物理形态却是相同的,人们存在解释上的困难。如图 2-23。

人们为什么能从同图像中看到这样或那样截然不同的物体呢?格式塔心理学家认为积极的选择是视觉的基本特征,正如阿恩海姆谈到的"视觉就像一种无形的'手指',运用这样一种无形的手指,我们在周围的空间中运动,我

们走出好远,来到能发现各种事物的地方,我们触动它们,捕捉它们,扫描它们的表面,寻找它们的形式"[1]。另外一些心理学流派则认为视觉的选择性是以以往的知识和经验作为基础,它可以帮助人弥补视觉信息的不足,将对象知觉为一个有意义的整体。例如有人拿图 2-24 中的"老鼠和男人"的图片做过实验,实验表明,当让被试在看图之前看动物的图片,会更加容易看出老鼠;而先看人的照片,则更容易看出人像[2]。这一点我们也可以称为"定势",即个体倾向于加工在他们心理上有意义的各种刺激"图式",定势促使主体心理上对特定情形和事件具有一定的预期。

图 2-23 知觉组织阶段的模糊性造成的两可图形:《面孔还是蜡烛》,《印第安人还是兔子》。

图 2-24 老鼠和男人。

4. 错觉轮廓

在我国,错觉轮廓(Illusory Figures)也被称为主观轮廓,是指那些没有直接刺激而产生的轮廓知觉,这种类型的错觉产生原因有:首先,画面内存在有规则的空白,人们试图赋予它意义(图 2-25);另一方面如自格式塔心理学理论所提出的那样,人的知觉系统倾向于将事物组合成简单、具有一定意义的整体,如图 2-27 中的莫扎特的头像,如果我们不认识这位音乐大师,这一图形则看起来不过是一堆点,当我们可以识别这位大师的外貌时,便会将散乱的点组合为有意义的头像。

错觉轮廓最早于 1904 年由舒曼提出的,所用

1 鲁道夫·阿恩海姆:《艺术与视知觉》,滕守尧译,四川人民出版社,2001 年版,第 28 页。
2 L.R.布洛克、H.E.尤克尔著,初景利、吴冬曼译,《奇妙的视错觉——欣赏与应用》,1992 年版,第 15 页。

图 2-25　舒曼正方形。　　　　图 2-26　凯尼撒三角形及在其基础上衍变出来的其他错觉轮廓的图形。

图形为图 2-25 中的"舒曼正方形"（Schuman'Square）。其他著名的错觉轮廓还有以加坦诺·凯尼撒（Gaetano Kanizsa）教授名字命名的"凯尼撒三角形"（1976 年），许多此类的图形都被归在这个类别下（图 2-26）。

　　错觉轮廓在艺术设计中的运用范围非常广泛，一个最普遍的例子就是广泛使于电子显示器上点阵图数字，目前计算机图像也是由点阵所构成的，点阵图的单位里的像素点越多，我们就感觉显示越清晰。除了出于实用目的而使用的点阵图之外，错觉轮廓还是标志和图形设计中最常用的错觉之一，例如图 2-27 中的各类平面设计，均以错觉轮廓作为主要造型手段。

　　5. 整体特征优于局部：接近律和相似律

　　接近律、相似律的本质上都是简化和整体化知觉对象的组织原则，与前面的简化律类似，人们在倾向于简化认知对象的同时，也倾向于将近似、接近的元素组合起来作为一个整体加以认知。图 2-28 是心理学家奈文（Navon）1977 年所做的一个实验中采用的材料，该实验结果是，大字母识别速度远快于小字母，并且它的识别不受组成的小字母内容的影响；而小字母内容识别则与同大字母内容是否一致明显相关。实验证明：人们对于整体特征知觉快

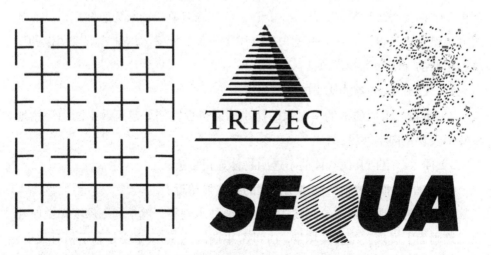

图 2-27　错觉轮廓在艺术设计中的使用，依次为地板图案设计、标志设计、点构成的莫扎特头像。

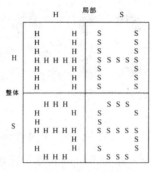

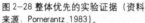

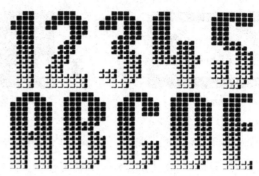

图 2-28 整体优先的实验证据（资料来源：Pomerantz，1983）。

图 2-29 点阵图中接近的点被认知为一个整体。

于局部特征，并且当人们注意图中材料时，对整体的认知不受局部特征的影响，而觉察局部特征时却受到整体特征的影响。

接近律最早是由格式塔心理学家韦特海姆于 1923 年提出的，即最接近的元素会被组织到一起。相似律是指在其他条件相同的情况下，最相似的元素组织到一起。此外，这种相似不仅仅是指形式上的相似，还包括相似的运动，即朝向一个方向的运动和具有相似速度的元素会被组织到一起。我们如果留心外面的圆形跑道，就会发现几乎所有人都不约而同以同一个方向绕跑道跑步，如果个别人逆向跑步，很容易被人注意到，因为他被排除在整体之外。

6. 深度知觉（depth perception）

人们的视觉所观测到的外界世界是二维的，但所感知到的世界是三维的，这是因为人的感知能通过一定的关于深度的信息确定深度。深度知觉产生包括主体和客体的双重原因，从主体上来看，人双眼提供的视差和视轴辐合是产生深度知觉的重要生理机制；从客体上看，所观测对象的图形为感知提供了深度线索。设计中，设计师可以有意识地利用图像中的元素，增加或减少图像的深度。主要的深度知觉线索包括：

1）大小：大的物体比小的物体显得更近；

2）质地：组成质地的单元大的比小的显得近，例如建筑效果图中运用地板砖来表现室内空间纵深；

3）插入：阻挡其他物体的不透明物体显得更近；

4）焦距：细节清晰的物体比模糊的物体显得近；

透视法的发明是西方绘画技法上的重要技术创新，就是利用深度知觉原理在二维画面上展现三维真实场景。15 世纪中期以前，画家主要是利用相对大小、插入、阴影等方式来展现深度；而意大利文艺复兴以来，透视法开始运用线条透视更有效地展现三维场景，所谓"线条透视"，即平行线向远处延伸时在视网膜上会聚成一个点——消失点。

图2-30 中世纪的绘画《圣洛伦佐的殉教》，右为局部，使用"插入"的方式作为深度线索。

对比图2-30和图2-31两幅绘画，前者作于文艺复兴时期以前，画家也在图像中提供了一定的深度线索，例如近大远小，前景清晰后景模糊，物体的插入等，但当时透视法还没出现，这幅画中房屋的各条边线没能因为透视而出现消失点，圣洛伦佐躺着的床用钢条形成的框架也无差异，与后者相

图2-31 [意]达·芬奇，文艺复兴时期的绘画《最后的晚餐》。

比较，其真实感仍有所欠缺。图2-31中所有平行线条均延伸至远处交于一点，使不同深度的物体得到真实再现。

2.5 错觉：被愚弄的知觉

感知觉中对于艺术设计最有价值的现象之一是错觉。错觉是错误的知觉，是人在已被证明错误的方式下体验刺激。如康德所说："感官对知性所造成的错觉可以是自然的，也可以是人为的，它要么是幻觉，要么是欺骗。这种强加于人的错觉，某些是由眼睛的见证而被看做是真实的，虽然也许这见证由同一主体通过知性而解释为不可能的，这就叫视错觉。[1]" 这里面将错觉划分两类，幻觉和欺骗，前者是单纯由人的知觉特性所造成的，即使当人们通过知性判断非真实，它仍然存在，例如透视、恒常性、整体性等，这种影响是人类与生俱有的，通过多年的进化发展而形成的生物本能，或者说人们是带着一套潜在的成熟的反应降生于世，只要遇到合适的环境，这些潜在的能力就能在出生早期发展成一整套复杂的反应[2]，也可以被称为一种自下而上的感知过程。后者则不同，当人们知道对象的属性不真时，假象可能会逐渐消失。原因在于，这类错觉来自信息"自上而下"的加工过程，即人记忆中存储的概念，如对知觉环境的经验、知识、期待、动机、文化等方面的对人知觉产生的影响。如格列高里在《视觉心理学》中所说："人对物体的视觉包含了许多信息来源，

1 [德]康德著：《实用人类学》，邓晓芒译，重庆出版社，1987年版，第29页。
2 [英]D.肯特：《建筑心理学入门》，谢立新译，中国建筑工业出版社，1988年版，第72页。

这些信息来源超出了当我们注视一个物体时对眼睛所接受的信息。它通常包括由过去经验所产生的对物体的知识。[1]"同样一只花瓶，如果放置在高档酒店的大厅中使人感觉做工精湛，光泽绚烂；如果放置在平价超市的货架上，则会使人感觉廉价平常，甚至做工也粗糙了许多，这就是自上而下的经验对人感知的影响。

错觉不仅仅存在于视觉中，它存在于人类的每一种感觉中，包括动觉、触觉、听觉、味觉、嗅觉等。例如所谓的"形重错觉"（size weight illusion），即同样重量的物品放置到三种包里面，一个小公文包，一个中型旅行包，一个大旅行包，让人判别哪个包重量最重，人们一般会认为小公文包比其他两个包重。科学家用"期待"来解释这一现象，因为认为人们在拿大包时对重量的期望比较重，使用的力气也比较大，因此感觉提起来轻而易举；而提小包时则相反，因此会感觉比较重。包装设计中可以使用这一原理，比如想使人们感觉一件物品贵重的时候，可以使用小巧、精致的包装，这样可以使人感觉分量较重。今天数字技术的方式，使视觉艺术创作手法更加丰富，除了图像以外，还加入声音、动画等手段，我们有时不仅通过二维平面能看到三维空间，并且还能看到时间的维度，甚至一个完全的"虚拟空间"——虚拟现实技术。这样，错觉从原来的视觉领域可能拓展到所有感觉方面。

虽然错觉是大脑对外界事物的不正确的知觉，但错觉对人的生活具有不可替代的作用，而对艺术或设计来说，它一方面是积极的，必不可少的造型的生理基础特性之一，另一方面，自然它也有一定消极作用，需要我们在设计中小心加以避免或矫正。

2.5.1 有效错觉

视错觉是一切平面造型艺术存在的基础。视错觉是整个西方写实主义绘画艺术的基础，自文艺复兴时期前后，西方艺术家便发现按照人们对物的理解而绘制的画面却看起来并不真实，例如原始艺术或我国散点透视的画面，虽然我们知道长方形的房子的每两侧相对的边都是平行且相等的，但是我们如此绘制出来，反却感觉这样的房屋看起来不对。文艺复兴时期，欧洲画家发明了透视法，这是一种典型的利用视错觉效应的造型方法，它将画面的一切物体都放在一个近大远小，消失于一点或两点的方盒子中，遵循近大远小，近处清晰，远处模糊的错觉规律，这样的画面看起来却很真实。

---

1 R.L.格列高里：《视觉心理学》，彭聃龄、杨昱译，北京师范大学出版社，1986年版，第4页。

　　另一方面，即便是那些并没有运用透视法的画面也离不开视错觉的作用。正如18世纪科学家列昂纳德·欧拉所说："整个绘画艺术就是以这种错觉为基础的。例如我们习惯于按真实情况判断事物，艺术就不可能发生了，宛如我们是瞎子似的。画家在调色上施展自己的艺术，那是枉费心机；我们会说，在这块板上是红色的斑点，这是蓝色的斑点，这儿是黑色的斑点，那儿是几条白线——所有的东西都在一个平面上，在这个平面上看不出任何的距离、区别，也不可能画出任何一个物体。[1]"这段话说明如果没有视错觉的各种规律，人们不依赖整体律、恒长律、近似律、图与底的转换等知觉组织规律的支配下认识世界，所能看到的画面只能是点、线条和色块的组合和堆砌，我们甚至不能稳定地把握事物的形态和彩色（因为它们会由于摆放的位置、方向、周围的光线、色彩产生巨大的变化），因而既无法形成物或形式的概念，更谈不上任何形式的造型或造物活动，从此可见，艺术、设计或造物行为的存在本身便是视错觉的存在和应用的最重要的例子。

　　视错觉由于能产生令人眼花缭乱的视觉效果，还常常被直接用在艺术和设计中。20世纪60年代盛行的所谓OP（Optical Art）风格，也称为"光效应艺术"，就是一种利用视错觉的艺术。这种艺术的表现方式和目的就是利用光学、物理学、心理学等科学原理，通过几何图形元素的并置、叠加、错位等方式愚弄人们的视觉。这些图形没有什么明显的主题思想，它只是使人感觉闪烁、流动、模糊等，让平面、静态的画面出现奇异的动态效果。图2-32分别为OP艺术的代表画家维克托·瓦萨雷利（Victor Vasareley）、莱利（Bridget Riley）的作品，利用标准色彩，几何形在二维平面建立起眩目而又迷惑知觉的奇妙空间。

　　1958年，两位名字叫彭罗斯（L. S. Penrose & R. Penrose）的英国心理学家共同发表了一篇名为《不可能图形》的论文，他们以"彭罗斯三角"（Penrose Triangle）为例首先提出了"不可能图形"的概念。这种图形看似合理，但是无法在三维空间中构造出来。心理学认为"不可能图形"形成的原因是：感知对象需整合时间与空间上的信息。人不可能在一瞥之下感知整个对象，而最初仅是对象的一个部分，要感知整个对象必须整合不同空间位置在不同时刻的信息，"不可能图形"在每刻对不同部位的感

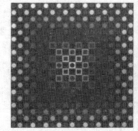

图2-32　维克托·瓦萨雷利，《Alom》以及莱利，《流》。

1 ［苏］K.普拉东诺夫：《趣味心理学》，科学普及出版社，2007年版，第114 – 115页。

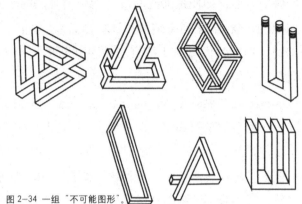

图 2-34 一组 "不可能图形"。

图 2-33 彭罗斯三角以及埃舍尔以该原型创造出的艺术作品《Relativity》(1953 年)。

知都是合理的，可是这些细节却永远无法正确地结合在一起，这使我们的视觉似乎进入了一个"死循环"。之后，人们在彭罗斯三角的基础上发展出一系列同类的不可能图形，这种有趣的图形如今常常出现在艺术和设计作品中。埃舍尔 (Escher) 据此"创造了许多有趣的作品[1]。如同其他错觉图形一样，不可能图形并没有什么深刻的内涵，但是它带给人们一种有趣的视觉效果，提供给人们类似于视觉游戏的感官体验。

　　此外，市场上一些带有液晶显示器的产品常会在显示屏周围设计一圈深色的衬圈，那可不是仅纯粹出于美学的考虑，其实衬圈的核心作用是为了使显示器显得比本身面积大。众所周知，大显示器的

图 2-35 艺术设计中的 "不可能图形"：Gardner, 插图设计《不可能的古遗迹》(1970 年)。

图 2-36 艺术设计中的 "不可能图形"：标志设计。

图 2-37 这些产品都在显示器周围设计了一圈黑色衬圈，以扩大显示屏的面积。

1 图片来源 http://www.mcescher.com/

价格相对更昂贵，产品看起来更高档。黑色的衬圈利用相互位置接近、属性类似的物体更易于被人们认为是一个整体的原理，使黑色光洁的显示屏和旁边深色的衬圈容易被作为一个整体，从而增大了显示器的面积。

2.5.2　错觉矫正

错觉是人们生理构造和机能的必然结果，因而它是无可避免的，但有时它也会带来消极作用。设计师在造物时，应以适当的方式避免或矫正会带来消极作用的错觉。

其中，最常见的便是通过调整轮廓线条和比例矫正形态错觉。例如法国国旗以三色旗(Tricolore)著称，最早出现在法国大革命时期，颜色取自当时法国国徽（红和蓝），再加上法国王室的颜色白色，是王室和巴黎资产阶级联盟的象征。我们看起来感觉国旗中的三条色彩是等宽的，但其实并非如此。因为最初国旗是按蓝、白、红三色等宽的尺寸做成的，人们后来发现，由于中间的白色较两旁颜色明亮，使人产生错觉，觉得两旁的红色带没有蓝色带宽。后来，为了克服这种错觉，才把蓝色带缩窄，把红色带加宽，直到人眼看上去非常自然、匀称，从而得到了今天的比例。 这是人们克服视错觉后得到的结构。旗子的蓝、白、红三色宽度比是30:33:37。

路面上的交通标识，如果按照正常的比例绘制，则可能由于视觉的透视变形而显得比例失常（图2-38左，因透视失真的交通标识），因此设计师有意识地将标识拉长（图2-38右，香港路面拉长的标识），可避免司机位置上产生错觉，标识显得比例正常易于识别。

汉字是一种方块字，如果我们填满同样大小的方格书写文字，却发现看起来这些字并不整齐统一，由于视错觉，不同的外形使人感觉字的面积大小差别很明显，其中方形显得最大，菱形显得最小（如图2-39）。因此汉字中菱形的文字会比方形文字的实际面积稍微大一点。同样的错觉现象有时还被用作为商

图2-38 避免错觉的交通标识。

图 2-39 1 和 2 面积相同，2 看起来较大，而如果高度一致，3 则看起来比 1 小，因此汉字中方形字和菱形字选择了 4 和 5 那样的比例。

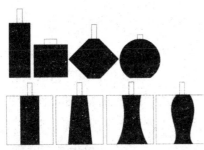

图 2-40 包装中的错觉

图 2-41 界面设计中的错觉矫正。

图 2-42 车身两侧略微凸出，以校正错觉。

家的伎俩，同样容积（面积）的容器或包装，菱形（梯形）看起来要比方形的大；反之圆形的看起来更小巧。因此希望使产品看起来容量更多、更实惠的时候可以选择菱形或梯形的容器（图 2-40）。

不仅汉字书写和设计中需要考虑对错觉的矫正，软件界面设计中也是如此。如图 2-41 所示，图标的基本形状也各部相同，主要分为方形、菱形、圆形、组合形几类，当将这些图标组合起来作为 toolbar 的时候，设计师需要让他们看起来也是统一整齐的，如同一行字一样。因此设计中需要借鉴汉字排列的基本规律，方形、圆形等饱满、空白区域较少的图标需要稍微缩小一些，菱形、组合形等空白较多的图标需要稍微放大一些，使图形看起来一致饱满。

面积相对较大的纯平面常常会给人一种下陷的感觉，为了弥补这一错觉，往往方形的大平面会设计为向外凸出。这一原则目前广泛应用于产品、包装和建筑设计之中。例如图 2-40 中的瓶子，两侧边缘要是设计为垂直线则会感觉向内凹陷，因而设计中两侧曲线应略微向外凸出才感觉比较平而美观。各种汽车车身设计也是如此。如果我们将车身各个平面设计为纯几何面，则视觉上有内凹感，并且面与面相交的棱角分明，使人感觉车身过于尖锐，材料过薄，因此图 2-42 中的各种汽车的轮廓，各侧车身和车顶都设计为略微凸出，给人饱满和平滑的感觉。

56

建筑设计中也是如此。早在古希腊修建帕特农神庙时期（公元前 447–432 年），设计师就根据对错觉现象的感性认识而采取一些校正方式，弥补错觉带来的失真现象，帕特农神庙中校正视错觉的设计主要包括：

图 2–43　［古希腊］伊克特纳斯和克里克拉斯等，帕特农 (Parthenon) 神庙（公元前 447–432 年），以及不同背景下石柱粗细比较。

1）正面的 8 根石柱，只有中央 2 根石柱完全垂直，其他 6 根石柱都向内倾斜（34 英尺的石柱向内倾斜约 3 英寸），这样可以避免石柱全部垂直，在高处两侧石柱会被沉重的石楣压得显得向外分开。

2）神庙基石不是水平的，而是向上略凸形成弧线，这样能弥补在上方的石楣和石柱的压迫下略显凹入的错觉。

3）神庙的石柱都是微妙的弧线，并且上小下大，以弥补长平行线带来的中部凹入的错觉。并且石柱还不是一样粗细，两边较粗，中间较细，因为按照明度视觉，衬着明亮背景时显得比较细；衬着黑色背景显得比较粗，而神庙两侧衬着天空，中间衬着殿堂，因此设计为两边粗，中间细，以平衡错觉（图 2-43）。神庙的各部分装饰大小也不同，一般越往高处，比例越大，根据观者的仰角大小均匀变化。

中国人民英雄纪念碑的设计也吸收了类似的技巧，碑身看上去似乎是笔直的，其实也是中部微凸，校正了由于高耸而导致的收缩感；下面的平台也不是完全水平，而是中部处理略高，平衡由于下压导致的内陷现象。

一、复习要点及主要概念

感觉 感觉"通道" 针对视觉障碍主要的可用性设计方式 绝对阈限 差别阈限 遮蔽效应 阈下知觉 杨格—赫尔姆霍兹理论 三原色理论 视觉后效 光适应和暗适应 眩光 视觉暂留 知觉 恒常律 错觉轮廓 深度知觉线索 错觉 OP 风格

二、问题与讨论

1. 联系设计实践，谈谈人的知觉组织的规律有哪些?

2. 在你所学的设计门类，找到两个利用错觉或避免错觉的案例。

三、推荐书目：

[英] E. H. 贡布里希：《艺术与错觉》，林夕等译，湖南科学技术出版社，2000 版。

[英] E. H. 贡布里希：《秩序感——装饰艺术的心理学研究》，范景中、杨思梁等译，湖南科学技术出版社，1999 年版。

[美] L. R. 布洛克、H. E. 尤克尔：《奇妙的视错觉——欣赏与应用》，初景利、吴冬曼译，世界图书出版社，1992 年版。

[英] L. R. 格列高里：《视觉心理学》，彭聃龄、杨旻译，北京师范大学出版社，1986 年版。

[美] 卡洛琳·M. 布鲁墨：《视觉原理》，张功钤译，北京大学出版社，1987 年版。

[美] 鲁道夫·阿恩海姆：《视觉思维——审美直觉心理学》，滕守尧译，四川人民出版社，1998 年版。

[美] 鲁道夫·阿恩海姆：《艺术与视知觉》，滕守尧等译，四川人民出版社，2001 年版。

第三章
Chapter3

认知与学习
——调节信息加工负荷的设计

> 人类，若视作行为系统，是很简单的。人类的行为随时间而表现出的表观复杂性主要是其所处环境的复杂性的反映……
>
> ——赫伯特 · H. 西蒙：《人工科学》，第 102 页

3.1 认知心理学：信息加工理论

认知心理学 (Cognitive psychology) 是以信息加工理论为核心的心理学，又可称为信息加工心理学[1]，它起始于 20 世纪 50 年代中期，1967 年美国心理学家奈瑟（Neisser）《认知心理学》一书的出版，标志着认知心理学已成为一个独立的流派，其主要代表人物是跨越心理学与计算机科学领域的专家：艾伦 · 纽厄尔（Newell）和赫伯特 · H. 西蒙（Simon）[2]。

认知心理学的主要目的和兴趣在于解释人类的复杂行为，如概念形成、问题求解以及语言等，但它与格式塔心理学和新行为主义等同样研究复杂行为的心理学流派存在方法论上的差别。"认知心理学主要研究高层次思维活动与初级信息加工的关系"[3]，它使心理过程的研究领域扩大，心理实验从对心理物理函数的获取走向对内部心理机制的探索[4]。认知心理学是现代心理学研究中最为重要的研究取向，而并不仅是单纯的心理学分支，其核心理念在包

---

1 王甦、汪安圣：《认知心理学》，北京大学出版社，1992 年版，第 1 页。

2 其著作国内译本常翻译为"司马贺"。

3 [美] 司马贺：《人类的认知:思维的信息加工理论》，荆其诚、张厚粲译，科学出版社，1986 年版，第 7 页。

4 西蒙将心理学研究分为三个层次，第一个层次是研究复杂行为；第二个层次研究简单的信息加工过程，例如对图形的感觉；第三个层次是生理水平，如大脑、神经结构等。

括与设计心理学密切相关的工业心理学、消费心理学、心理美学等分支在内的、几乎一切应用分支学科中迅速得到体现。

表 3-1 三种研究复杂心理现象的心理学流派的对比

		认知心理学	新行为主义 （工具行为主义）	格式塔心理学
代表人物		西蒙、纽厄尔	斯金纳	考夫卡、韦特海姆、柯勒
基本理论		人的一切心理行为都是信息输入—加工处理—信息输出的过程。	建立于经典条件反射的基础上，提出人的行为是对行为结果的学习，能获得满意结果的行为被重复，不满意的结果导致行为出现的概率越来越低。	强调经验和行为的"整体性"，认为整体不等于部分之和，意识不等于感觉元素的集合，行为不等于反射弧的循环，人们自然而然地观察到的经验，都带有"格式塔"的特点，它们是个体在脑中产生的一个"同型"脑场模型——即心理场。
比较	研究方法	实验、有声思维和计算机模拟。	操作主义：强调严格的实验方法。	实验缺乏严格控制；术语、概念含糊，比如"完好图形"，就是无精确定义。
	知觉过程	信息输入—加工处理—信息输出	S(刺激)—R(反应)，回避了大脑中的活动。	人的知觉等基本规律是天生的，和经验无关。
	创造原理	问题求解取决于刺激、机体状态和记忆。	问题求解取决于刺激和过去经验。	问题求解不仅是简单的试错，还需要"顿悟"。
	分析复杂心理现象的方式	将复杂现象分解为最基本的部分加以研究。	还原主义：将复杂的心理现象还原为简单的初级现象。	强调复杂的心理现象，但不分解为简单现象。

认知心理学的核心是将人的思维活动看做是信息加工的过程，认为人脑对信息的加工过程与计算机处理信息的过程相类似，都是信息输入—加工—输出的过程（图 3-1），它的研究侧重通过对输入的信息及主体外显的行为进行研究。目前比较公认、较为完整的对人脑信息加工模型的原理解释是由纽厄尔和西蒙提出的物理符号系统假设，他们认为：能辨认和区分不同符号的系统称

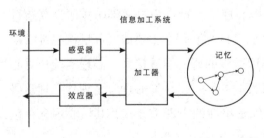

图 3-1 信息加工系统的一般结构（资料来源：纽厄尔和西蒙，1972 年）。

为物理符号系统，无论是有生命的（人）还是无生命的（纸笔、计算机）的信息加工系统都是操纵符号的。符号指代了各种事物，符号又通过相互联系而形成一定符号结构（可被称为语言），符号和符号结构可以表征外部事物（外部表征）和内部信息加工的操作（内部表征），信息加工系统得到符号就可以得到符号所指代的事物，或进行该符号所指代的操作。西蒙等人基于物理符号系统的假设，进一步提出：纸笔只能称为一个简单的物理符号系统，而人和计算机都具备了输入、输出、存储、复制符号、建立符号结构以及条件性迁移等六项功能，这便称为"智能"（表 3-2）。

认知心理学的感知觉过程、注意、记忆和学习理论、知识表征、模式识别、语言与语言理解、推理与决策等内容被广泛地运用于设计心理学中。

首先，认知心理学的观点影响了现代设计的界定和范畴。西蒙提出，一切人工造物的活动——即广义的"设计"都是问题求解的过程，揭示了各类设计门类的同一核心，这里"问题求解"的心理机制即为上述"输入—加工—输出"的过程。在此基础上，"问题求解"模式成为了一切人工智能产品和机器设计的基础（图 3-2），因此，智能程度越来越高的现代产品的使用和控制则相应日趋依赖于人—机之间的交互过程和结果，如何创造良好的人机交互过程成为评价交互产品[1]优劣的核心标准，其关键在于人机协同的信息加工处理的问题，这是现代设计心理学应用最广泛的领域——可用性设计和可用性工程的心理学基础[2]。

表 3-2 作为物理符号系统的人、纸笔记录和计算机

物理系统的功能	人的认识活动	传统纸笔记录	电脑
输入（input）	感受器（眼、耳、舌等）	笔、纸张、手的运动	键盘、鼠标、绘图板等
输出（output）	人的各种行为	人阅读纸上的符号	显示屏、音频设备
存储 (store)	人脑的记忆	纸张上的符号	计算机软盘、硬盘
复制符号 (copy)			
建立符号结构 (build symbol structure)	找到各种符号之间的关系，在符号系统中形成符号结构。		
条件性迁移（conditional transfer）	依赖已掌握的符号，对符号进行重新组合，得到新的关系，继续完成行为。		

1 交互产品是泛指一切交互式系统、技术、环境、工具、应用和设备。（[美]珍妮弗·普里斯、伊冯娜·罗歇、海伦·夏普：《交互设计》，电子工业出版社，2003 年版，第 1 页。）
2 《交互设计》一书中明确提出：交互设计的目的就是在设计过程中引入"可用性"（Usability），其本质就是开发易用、有效并且令人愉悦的交互式产品。

61

图 3-2 人的认识活动和计算机的比较。

图 3-3 含有情绪与调节系统的认知模型（诺曼，1981 年）。

不仅在实用物（软件）设计中如此，自 20 世纪 50 年代以来，原本和纯艺术更为接近的平面设计领域也深受信息加工理论、语言学、符号学理论的影响，不少研究者不再过多纠缠于风格、样式、历史主义等问题，明确提出，准确的信息传达才是各类平面设计的核心问题，从而使原本的平面设计（Graphic Design）发展为视觉传达设计（Visual Communication Design），在风格上则体现为强调信息传播的"有效性"的、以瑞士设计为代表的国际主义平面设计风格。

认知心理学的物理符号系统范式作为唯一解释人脑内复杂活动的心理范式，渗透了人类社会文明的方方面面。不过需要补充说明的是，认知心理学将人类看做简单的物理符号系统的观点还是过于简单。作为一个生命系统，人处于一定的社会文化氛围中，除了生物性的一面，还有社会性的一面；人具有需要、动机等驱动力因素，能力、个性等心理现象，并具有情绪和情感；人类情绪和情感虽然有时来自信息加工处理，但很多时候独立并影响人的认知过程，例如人在情绪激动时和平静，其解决问题的能力具有明显差别。因此，诺曼等学者进一步提出了考虑人的情绪调节的认知模型（图 3-3）[1]。

3.2 人的认知

认知心理学研究的是人的认知问题，"认知"既是内容也是过程，它包含了人们获得外界知识并利用它形成和理解自己的生活经验的全部内容。认知心理学家将其研究内容归纳为：知觉、注意、记忆、思维和问题求解、语言、人工智能等，这些心理内容和过程是交互产品设计的焦点，因此相关的规律和法则成为了改进产品"可用性"的依据。

那么这些心理现象之间的关系如何，它们是如何形成人的认知的整体呢？这里可以归纳为两个心理模型：第一，人的识别的双重信息加工模型；第二，人的记忆的三级模式。

3.2.1 辨认和识别

1. 自下而上（bottom-up processing）和自上而下（top-down processing）的加工认知心理学中，人对物的辨认和识别是这样一个过程：主体从外界获得的感觉信息，经知觉组织后传入大脑，大脑抽取与加工相关的信息，与存储的知识相互匹配，再赋予知觉对象意义并做出相应行为。

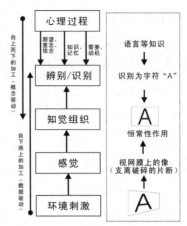

图 3-4 自上而下的加工和自下而上的加工。

这个过程包括两种途径，自下而上的加工和自上而下的加工。自下而上的加工又称为数据驱动的加工，如图 3-4 中自下而上的箭头所示，主体将从外界获得的感觉信息，然后将这些信息发送大脑，抽取并加工相关信息。这一过程是将外界的刺激的物理特征转化为抽象表征。自上而下的加工称为概念驱动的加工，如

图 3-5 是羚羊还是鸟[1]。

图 3-4 向下箭头所示，人过去的知觉经验、知识、动机和背景影响他的识别。

从这一模型可见，人对外界刺激的知觉包含两个方面：第一是对外界刺激；第二是人本身记忆中存储的知识经验。多数情况下，没有知识经验参与的感觉输入是模糊和片段的（如图 3-4 中字符 "A" 的识别过程所示），不能对外界刺激提供意义和真实完整的说明。比如图 3-5 中，右下角的图形一模一样，在左图中则易被当作 "鸟"，但在右图则更易被当做羚羊，证明了记忆比对［即上下文（context）］对识别的影响。不过，知觉产生时不见得必须同时具备以上两个条件，吉布森（Gibson）的距离知觉研究以及格式塔心理学家发觉的各种知觉组织现象说明，某些知觉或知觉的某些方面不需要经验参与，是直接受神经系统构造所决定的；另一方面，无刺激作用时，人们也可能产生知觉，即所谓的 "幻觉"。

2. 识别理论

人们对外界刺激识别的过程中，存在一个 "再认" 的过程，也就是人们将知觉到的信息与记忆中的表征相匹配的过程。关于 "再认"，传统上存在四种模式，其中由唐纳德・A.诺曼和林赛提出的 "模板匹配模式" 以及在此基础上发展的 "原型匹配" 说是最简单也是设计心理学中最常使用的一种[2]，其

1 [美]J.R.布洛克，H.E.尤克尔：《奇妙的视错觉——欣赏与应用》，世界图书出版公司，1992 年版，第 19 页。
2 Lindsay P. H., Norman D. A.: Human Information Processing: An Introduction to Psychology, 2nded.New York, Academic Press, 1977.

他还包括特征分析模式、结构描述模式以及傅里叶模式。

模板匹配模式与原型说："模板说"认为，人的长时记忆中贮存着各种经验知识的模板（Template），人们识别时将刺激信息的编码"模板"进行比较，刺激与模板存在最佳的匹配时，再认对象就得到了识别。模板说虽然可以解释人的某些模式识别，但它存在着明显的局限，那就是完全这样所需的模板的数量巨大，会给记忆带来沉重的负担，也使模式识别缺少灵活性，显得十分呆板。

针对模板说的不足，Posner（1968年）、Reed（1972年）等学者又提出了"原型说"。"原型说"突出特点是，它认为在记忆中贮存的不是与外部模式有一对一关系的模板，而是原型（Prototype）。原型是某一类客体的内部表征，反映了一类对象的基本特征。"原型"实质上是一个类型或范畴的所有个体的概括表征，因此也常用于人脑记忆中的概念结构研究[1]。

"原型说"认为人们对物体的识别是一种"原型匹配"的过程，当刺激与某一原型有最近似的匹配，即可将该刺激纳入此原型所代表的范畴，从而得到识别；即使某一范畴的个体之间存在着外形、大小等方面的一定差异，这些个体仍可与原型相匹配而得到识别；当人们无法寻觅到合适的原型的时候，一方面会造成识别障碍，另一方面可能寻找最接近的原型来作出判断。这就意味着，人们无须看到对象的全部细节也能匹配相应的原型，这样能提高人们的识别速度，并且，只要存在相应的原型，新的、不熟悉的模式也是可以识别的。如图3-6中四次奥运会的运动项目图标，虽然图标风格和样式不同，但人们仍旧能识别每个图标代表的体育运动，因此人们对于运动的记忆是按照某些典型形式（原型）记忆的。

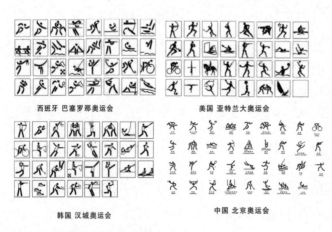

西班牙 巴塞罗那奥运会　　　美国 亚特兰大奥运会

韩国 汉城奥运会　　　中国 北京奥运会

图3-6 四届奥运会的运动项目图标

诺曼在《设计心理学》中将这种储藏在我们大脑记忆中的"原型"称为"心理模型"（mental models），

1 认知心理学中的概念（concepts）是指个体对范畴和归类的心理表征。例如："杯子"这一概念指代了所有与之相关的知识和体验。

他提出，当物品的设计与人的大脑中的"模型"一致时——即形成"自然匹配"，人们或者能下意识地、自动地作出反应（例如向左（右）打方向盘向左（右）拐），或能一看就明白如何使用，从而节省大脑信息加工资源，提高易学性，减少差错和失误[1]。

另一方面，"原型说"在一定程度上解释了人们对具有一定"规律感"和"熟悉度"形式的偏好，因为这使人们能迅速找到相应的原型，减少人们的加工消耗。正因如此，在各种艺术门类（包括设计）中，通常会形成一定的表现"程式"（样式），国画中的笔法和图式，戏剧中的脸谱和固定的唱腔，音乐中的旋律和节奏等，人们凭借一定的经验和记忆，能轻易识别出"预期的刺激"，从而感觉愉悦和放松。

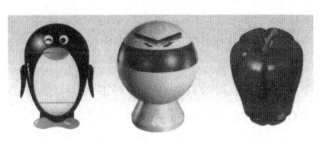

图3-9 造型奇特的儿童洗衣机。

就像《猫和老鼠》经典动画中，小老鼠的每次胜利以及发生的笑料都在人的预期之内，但人们仍旧乐此不疲。当然，如果持续无变化则会导致人们精神涣散、兴奋程度不高，这是因为识别难度太低，缺乏思维参与造成的（图3-7、3-8）。

另一方面，"原型"无法直接匹配的事物不容易被识别出来，个体不得不调用较多加工资源进行比对，找到最近似的原型。例如图3-9中的产品究竟是什么呢？人们看到的时候不

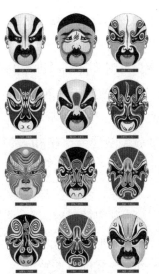

图3-7 京剧脸谱：原型式的人物形象，用一定的模式代表各种同类角色。

图3-8 阿莱西公司两款茶具：同一类产品形式和风格不同，但并不影响我们识别它们是同一类物品。

1 诺曼认为，设计中的心理模型包括设计模型，即设计人员所使用的关于物品使用方式的概念模型；用户模型，即用户在与物品进行交互过程中间形成的概念模型。设计人员希望其设计模型与用户模型完全一致，但如果系统表象（系统的外观和各类标示与说明）不能准确、清晰地反映出设计模型，那么用户在使用中便会出错，也就是出现错误的概念模型。（诺曼：《设计心理学》，第18页。）

免觉得非常迷惑，这其实是某国内厂家设计的洗衣机，但是它的外观与一般人认知中的洗衣机实在相去甚远，用户的脑中显然没能建立这种物品的概念模型，因此无法一眼识别出它，更别说使用和操作它了。不过，无法立刻识别的设计虽然可能带来使用上的不便，却又要求主体投入更多信息加工资源，因此可能更易于引起人们的注意和增强其记忆，并有时还能使用户获得"思维参与"的乐趣。

目前"原型匹配"理论最大的争议之一是：如何解释三维识别中的"恒常性"的问题，当对象识别的方向、角度、光线都发生了变化的情况下，人们为何依然能识别出这一对象？无论如何，"原型匹配"的理论能解释设计心理中存在的许多问题，因而得到了最广泛的应用，诺曼正是据此提出：要提高物品的"可用性"，应使其操作方式与人的知识和经验形成"自然匹配"。

特征分析模式：塞尔弗里奇（O.G.Selfridge）和奈瑟（U.Neisser）等人提出了一种根据对象的特征进行识别的分析模式，"特征"涉及面很广，识别对象的物理、形态特征都可算为特征。特征说中最著名的是塞尔弗里奇（O.G.Selfridge）1959 年提出的"鬼域"（Pandemonium）假设。

这个模型以特征分析为基础，将模式识别过程分为四个层次，每个层次都有一些"鬼"来执行某个特定的任务，这些层次顺序地进行工作，最后达到对模式的识别。

第一个层次：由"映像鬼"对外部刺激进行编码，形成刺激的映像。

第二个层次："特征鬼"对刺激的映像进行分析，即将它分解为各种特征，每个特征鬼的功能是专一的，只寻找它负责的那一种特征，如字母的垂直线、水平线、直角等，并且需要就刺激是否具有相应的特征及其数量作出明确的报告。

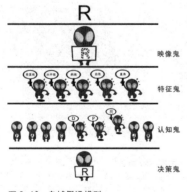

第三个层次："认知鬼"始终监视各种特征鬼的反应，每个认知鬼负责一个模式（字母），它们都从特征鬼的反应中寻找各自负责的那个模式的有关特征，当发现了有关的特征时，它们就会喊叫，发现的特征愈多，喊叫声也愈大。

第四个层次："决策鬼"根据这些认知鬼的喊叫，选择喊叫声最大的那个认知鬼所负责的模式，作为所要识别的模式。

图3-10 鬼域假设模型。

当人们识别字母"R"时，映像鬼形成"R"的映像；特征鬼报告"它"所具有的垂直线、水平线、斜线、不连续、曲线和 3 个直角等特征[1]；一直注视特征鬼工作的许多认知鬼开始寻找相关的特征，具有类似特征的鬼，如 P、D 和 R 都会喊叫，全部特征吻合的 R 鬼的叫喊声最大，而 P 鬼和 D 鬼则有与之不相符合的特征，所以决策鬼就判定 R 为所要识别的模式。

傅里叶模式和结构描述模式

傅里叶模式是由 Kabrisky、Ginsburg 和 Person 等人提出的，他们认为人脑记忆的模式是傅里叶转换的形式，而不是对象的原型。这种变化将对象通过转换分解为一定频率的信号，与原储存在长时记忆中的傅里叶模式相匹配，这样的转换使识别对象在一定规范内变化时，傅里叶变换后的一些量不变，解释了"模板说"和"原型说"无法解释的三维旋转识别问题。目前不少进行图像识别的智能机器运用了这一理论，例如人脸识别、笔迹鉴定等。

结构描述模式是 M.Minskey 提出的一种按照识别对象特性的联接关系描述对象的方式，具体为：选取识别对象的特性（表 3-3），将对象的某一特征作为节点，按照特征之间的结构关系用有向线段连接起来，以描述对象。

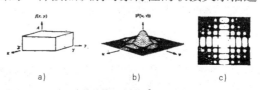

a)   b)   c)

图 3-11 一个立方体的傅里叶变换[2]。
a）真实世界的立方体——b）傅里叶幅度的函数值——c）用强度函数标识的傅里叶谱，亮度正比于傅里叶谱

表 3-3 识别对象 可提取的特性和特性之间的关系

可考虑的特性		特性之间的关系	
亮度	黑、灰、白、亮、暗、均匀、阴影	包含	一部分，在内部，包围着
颜色	红、橙、黄、绿、蓝……	邻接	接触着，在旁边，在上面……
纹理	平滑、颗粒、斑状、条纹……	方向	在上方，在后方，在左方，在右方
大小	长度、面积、体积、高度、深度、宽度、大、小、高、矮、宽、窄	距离	邻近，远离
取向	水平、垂直、倾斜		
形状	空心、实心、密集、参差不齐		

傅里叶模式和结构描述模式，这两种识别模式理论的发展不如"原型说"和"特征说"那么成熟，目前尚存在不少无法解决的问题，但其观点对我们也有一定的启发意义。

---

1 林赛（Lindsay P.H.）和诺曼（Norman D.A.1977 年）提出构成 26 个英文字母共有 7 种特征，即垂直线、水平线、斜线、直角、锐角、连续曲线和不连续曲线，如 F 有一条垂直线、两条水平线和 3 个直角；P 有与 F 一样的特征，外加一条不连续曲线；R 有与 P 一样的特征，另一条斜线等。吉布森（Gibson，1969 年）也曾就英文字母的特征提出过类似的看法，但区分出 12 种特征。
2 章明：《视觉认知心理学》，华东师范大学出版社，1991 年版，第 28 页。

傅里叶模式为人们提供了一种利用人工机器将视觉对象量化的方式，不过，这种转换的缺陷在于最终图像很难与对象的部分和位置一一对应。

结构描述模式对于设计心理学而言，最大价值在于提供给研究者一种分析物的形式的方式，即将按照性质提取视觉对象（物）的若干特性，以特性之间关系将它们关联起来，从而全面、整体地看待和分析视觉对象。

3. 基于特性理解产品

以上认知心理学中人对物的识别理论，可以提供一种有效的分析和理解"物的形式"的方法，即根据人们表征对象的方式，将其逐层分解，提取其基本特征或原型。心理学家比特曼（Biedeman,1987年）按照"特征说"中对字母特征分析的方式，曾对简单几何体的基本特征（他叫做"吉纶"Geons）进行分析,他抽取的特征包括边缘（直—曲）、对称性（对称—不对称）、尺寸（恒定—扩展）、轴（直—曲），分析结果如表 3-4 所示 [1]。

表 3-4 横截面

吉纶	边缘 直线 S 曲线 C	对称性 Rot&Ref ++ Ref + 不对称 −	尺寸 恒定 ++ 扩展 − 扩展和恒定 −−	轴 直线 + 曲线 −
	S	++	++	+
	C	++	++	+
	S	+	−	+
	S	++	+	−
	C	++	−	+
	S	+	+	+

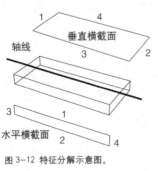

图 3-12 特征分解示意图。

(图中标注：垂直横截面、轴线、水平横截面、1 2 3 4)

比特曼的对基本几何体的特征为我们理解"造型"提供了一种有益的方向，按照此思路，我们对最简单的直板手机基本形式的特征展开分析。

首先对手机基本形特征进行描述，如表 3-5 所示：

水平、垂直横截面边缘：直线为 S，外凸曲线为 C，内凹曲线为 T，相对一组以两个字母指代，

1 转引自 C.D.威肯斯、J.G.霍兰兹：《工程心理学与人的作业》，华东师范大学出版社，2001 年版，第 209 页。

两两为直线则为 SS，外凸曲线和直线则为 CS，两条内凹曲线为 TT。

　　水平、垂直横截面对称性：两组均对称为＋＋，一组对称为＋，两组都不对称为－。

　　水平、垂直横截面尺寸：两组均恒定为＋＋，一组为外凸或内凹曲线，一组为恒定则为＋，两组都为外凸或内凹曲线为－，两组均扩展为－－。

　　轴线：直线为＋，曲线为－。

表 3-5　手机基本造型特征描述表

特征	描述		
垂直横截面边缘	直线 S	外凸曲线 C	内凹曲线 T
水平横截面边缘	直线 S	外凸曲线 C	内凹曲线 T
垂直横截面对称性	两两对称 ++	单条对称 +	不对称 －
水平横截面对称性	两两对称 ++	单条对称 +	不对称 －
水平横截面尺寸	恒定 ++ ／ 稳定（ ）或)(＋丨 ＋	单侧扩展 －	两边扩展 －－
垂直横截面尺寸	恒定 ++ ／ 稳定（ ）或)(＋丨 ＋	单侧扩展 －	两边扩展 －－
轴线	直线 +		曲线 －

　　分析手机基本形的结果，如表 3-6 所示。

表 3-6　手机基本形的特征分析（部分）

吉绘	垂直横截面边缘（直—曲）	水平横截面边缘（直—曲）	垂直横截面对称性（对称—不对称）	水平横截面对称性（对称—不对称）	垂直横截面尺寸（恒定—扩展）	水平横截面尺寸（恒定—扩展）	轴线（直线—曲线）
	SS SS	SS SS	++	++	++	++	+
	CC SS	SS SS	++	++	+	+	+
	TT SS	SS SS	++	++	+	++	+
	CC SS	SS SS	++	++	+	++	+
	CC CC	SS SS	++	++	－	++	+

（续上表）

	SS TT	SS SS	++	++	+	++	+
	CC TT	SS SS	++	++	−	++	+
	CS SS	SS SS	+	++	−−	++	+
	SC CS	SS SS	−	++	−−	++	+
	SS SS	SS SS	+	++	−−	++	+
	SS SS	SS SS	+	+	−−	−−	+
	CC SS	SS SS	+	+	−−	−−	+
	SS TT	SS SS	+	+	−−	−−	+
	CC CC	CC CC	++	++	++	++	+
	SS SS	SS SS	−	+	+	+	−

虽然产品的造型远比上表复杂得多，但是特征代表了造型构建的基本原理，是设计知识的体现，它将有助于为最终造型提供巨量的模型方案[1]。物品外形的特征不仅是纯形式上的，还有功能的、材料的、文化的、符号的等，根据以上提及的结构描述模式，我们可以尝试建立一种按照信息结构分析设计目标，建立相应描述的模式。

首先，人们认识周围环境时存在三种信息结构[2]，分别是拓扑的、语义的、抽象的。

拓扑的：点、线、面、体积……空间；这种构造方式适合于辨别形状与影像。

语义的：符号、字符、单字、句子……总数；适合于用来理解人工语言和自然语言。

抽象的：判决、理解、形象、系统……包罗万象，适合于抽象概念、概括和符号化的思维活动的研究。

从以上的信息结构来看，人们对于物的识别和记忆至少可以划分为三类：

第一类是对形式的识别和记忆，这时我们关注的是纯粹几何意义上的形态信息；

第二类的识别和记忆中，人们关注的是可以语义描述的物的信息；

第三类则主要应用于较高层次的信息加工活动中，是对前两类信息的加

---

1 以手机基本形为例，特征变化的基本造型有几千种，而如果考虑到曲率变化，扩展角度的变化等因素，形式变化就不计其数了。
2 章明：《视觉认知心理学》，华东师范大学出版社，1991年版，第3页。

工和处理。那么，我们将其延伸到设计领域中，可以这样认为，人们对于设计对象（物品、环境或图像）的识别和判断也包括了这三个层面的活动。

1. 形式和结构的识别和记忆

亮度：黑、灰、白、亮、暗、均匀、阴影

色彩：红、橙、蓝、黄、绿、黑、白……

纹理和质感：光滑、颗粒、斑状、条纹……

尺度和体量：大小、长度、面积、体积、高度、宽度、深度、高、矮、宽、窄

取向：水平、垂直、倾斜……

形态：实心、空心、密集、参差不齐……

2. 语义的识别和记忆

感性特征：形式要素和构成方式带给主体的感性体验，可以以形容词对其加以描述，例如曲—直，光滑—粗糙，高大—矮小，活泼—稳重，华丽—朴素……

工程特征：导角、开孔、拉伸、放样、旋转……

功能特征：与使用目的相关的部件和结构的描述。以汽车为例：车身、车门、车顶、车篷、前脸、大灯、尾部、尾灯、内饰、轮毂、立标……

3. 抽象的识别和记忆

如文化意味；各功能部件的结构、功能和位置；产品的使用流程等。

[芬兰]伊吉·米（Yki Nummi）
现代艺术台灯

图 3-13 基于特性的产品分析。

	形态	圆柱、圆台
拓扑的	连接方式	相贯
	取向	垂直
	材质	丙烯树脂
	亮度	半透明，透明
	颜色	白色，无色
	尺度	圆柱的高度和直径，圆台的高度，上下圆直径
语义的	感性特征	现代，简洁，轻巧，愉悦……
	工程特征	旋转，开孔，相贯……
	功能特征	灯罩，灯柱，灯泡……
抽象的	使用流程	
	状态判断	
	文化意味	产地，设计师风格，时代特征……

3.2.2 设计中的识别理论

1. 原型的自然匹配

英国设计理论家爱德华·露西 – 史密斯(Edward Lucie–Smith)曾经说过:"工业设计师所创造的东西不仅应该根据设想的意图运作,而且还必须清楚地表达它们的功能。也就是说,产品必须会说某种视觉语言,任何可能使用它们的人都将懂得这种语言。"什么样的语言最易于使人们能够理解呢?也就是前述中诺曼所提出的,产品的控制、使用的方式符合用户心中对该类产品的概念原型,形成"自然匹配"的设计,诺曼提出了两种形成匹配的方式:物理环境类比和文化标准。

最经典用来说明"自然匹配"的例子是欧美瓦斯炉炉口与控制开关排布的问题。如图 3–14 所示,一般的美国瓦斯炉有四个炉口,所以也有四个开关分别控制每个炉口,如果不能建立自然、良好的心理匹配,使用者很难决定究竟是哪一个开关控制哪个炉口。如果炉子为长方形排布,开关线形排布,那么便会出现 $4 \times 3 \times 2 \times 1 = 24$ 种不同的可能性,除非在旁边特别注明,否则人们很难记住。

解决这个问题最简单的方法是在开关边上做说明,说明开关是控制哪一个炉口,但如果仅依赖开关边上的说明,我们发现用户往往做出误操作以后才会查看说明,标注说明的只能是一种对"不良设计"的补救方式。如何通过设计使炉口和开关形成自然对应关系,使用户能不假思索地找到正确的开关?

第一,利用"空间类比"来减少选择的信息量[1],如图 3–14 中 a、b 所示。图 a 利用了部分的配对,即左侧两个开关匹配左边的两个炉口,但使用者仍需要判断左右两个开关分别控制左边两个炉口中的

图 3–14 经典的瓦斯炉问题。

图 3–15 参考 Chapanis & Lindenbaun, 1959 年的研究绘制。

图 3–16 TROLLO 燃气灶 Bjorn Goransson 设计,采用了"空间类比"的方式。

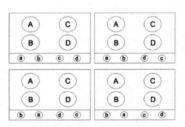

1 [美]唐纳德·A.诺曼:《设计心理学》,梅琼译,中信出版社,2003 年版,第 113 页。

哪一个，但备选答案降
到了四种。图 b、c 则
利用了图形相似性的原
则，让炉口的排布与开
关排布的形式完全一
样，形成了唯一的良
好"匹配"。图 3-16 是
Bjorn Goransson 设计的
TROLLO 燃气灶，这款
造型优美的燃气灶上的
六个按钮的排布为"空
间类比"的实际应用提供了良好说明。

图 3-17 Spark 烟囱、炉和烤箱：采用引导线的方式。

图 3-18 引导线的应用。

第二种是设计"引导线"（sensor lines），将对应的开关和炉口匹配起来。根据实验验证，这种设计可以完全杜绝控制误操作。图 3-17 中这款著名的意大利煤气炉，图 3-18 的医疗仪器都采用了增加引导线的解决方式。

如今的产品往往具有多项功能，存在多个（组）控制器和显示器，设计优良产品界面一方面应该使用户自然找到适当的控制装置，另一方面，控制应能提供相应的反馈（显示），显示器和控制的"匹配"也应符合用户心理模型，主要原则包括：

1）控制器直接位于相应的显示器的下方；控制器与显示器不相邻时应排列关系类似（空间类比）。

2）控制器和显示器都处于直线运动时，两者的运动方向应尽量一致——同方向水平运动或垂直运动；当显示器和控制器无法保持同方向运动时候，控制器向前运动时，显示器应对应向上；控制器向后运动时，显示器对应向下（空间类比，如图 3-19 上）。

3）控制器的顺时针旋转对应显示器的从左向右，从下向上，从前往后的运动；逆时针旋转对应的显示器运动方向相反（文化标准，如图 3-19 下）。

4）除针对"左手"（左撇子）的设计之外，常用控制器应按照重要性分布在右侧（生理层面）。

图 3-20 是同一款工程仪器的前后设计方案，左侧的设计存在匹配方面的问题。设计师将最常使用的五个按键以及一组"前后左右确认"按键放在了右

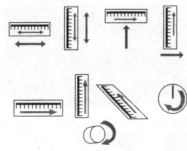

图3-19 控制器和显示器的匹配关系：绿色箭头表示显示器的变化方向，红色箭头表示控制器的变化方向。

图3-20 手与按钮位置的自然匹配。

图3-21 [美]艾尔·赫施费尔德 (Al Hirschfeld) 绘制，猫王 (1957年)，典型化的猫王，寥寥几笔对于人们而言已经足以再认。

侧，将电源开关（小按键）和一个导航键（其功能类似"前后左右确认"，有时起到替代的作用）放在左侧；通过访谈发现，用户认为导航键也很重要，也应放在右侧，五个按键中有两个常常使用，三个却并不常用，因此修改界面如右图所示，常用按键加大尺寸，并放在界面右侧，电源和不常用的三个设定按键放在左侧，提高了产品的可用性。

2. "泛化"与"混淆"的设计创意

人们回忆和再认原型时存在"泛化"的现象，即再认时从长时记忆中提取典型性特征加以比对，具有较多典型特征的对象即可被识别出来，有时一些具有类似特征的对象也能被识别出来。比如漫画家省去大量细节的肖像画，它与人物存在一定差别，但仍旧能与原型匹配起来，因此仍显得栩栩如生（图3-21）。同时，"泛化"使具有较多相似特征的不同对象也可能被当做了同一对象。如图3-22所示，这是一种广泛流行的游戏，它提供给玩家两幅几乎一样的图像，让玩家在有限的时间内找出差异处，如果不将两张图同时呈现给玩家，玩家将难以察觉其中的不同。

识别"泛化"程度与主体对再认对象的熟悉程度相关，对象的细节信息通过一次次的重复学习（输入信息）不断获得补充，学习次数越多、对象的特征在记忆中保留的特征也就越多，混淆的可能性也就降低。但无论怎么补充，人们也不可能，或者说也无须记下对象的所有细节。

"泛化"现象使人们按照"特征"识别外界信息时，整体发生一定范围内的残缺，

图 3-22 Realone 公司的游戏界面，两幅画面中共有 5 处差别，仅仅通过记忆再认我们很难发觉，而必须通过仔细比较。因为信息表征是典型化的处理过程，可能导致再认泛化。

改头换面

贺

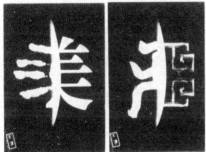

图 3-23 美／亚《天涯》杂志封面设计 韩家英

将功补过

民间组合字

图 3-24 文字创意.
禁止吸烟、改头换面、贺、招财进宝、将功补过

人们对它的识别能保持"持续"或不变，这被设计师当作了一种创意来源。比如我们在街道上常常看到残缺的招牌，这种残缺虽然影响整洁和美观，但一般并不会影响到我们对文字内容的辨别（图 3-23）。设计师们有意识地将其运用在字体设计中，将文字中的部分删减置换，成为一种重要的文字（图形）创意方式（图 3-23、3-24）。

3.2.3 记忆三级模式

人的认知是对外界信息的输入（感觉）—加工处理—输出（行为、反应）的过程，那么，加工处理又是怎样一个过程呢？记忆信息加工的三级模式详细描述了信息处理、存储的模型，完整的记忆模式其实就相当于信息加工处理的过程。

早在 19 世纪末，美国心理学家威廉·詹姆斯就曾提出存在的两种记忆：即初级记忆和次级记忆。1965 年，美国认知心理学家沃（Waugh）和诺曼（Norman）借用詹姆斯的理论，提出了两级记忆模型，初级记忆即短时记忆（short-term memory），次级记忆即长时记忆（long-term memory），他们认为，外部的记忆首先进入短时记忆，它是一个容量有限的缓冲器和信息处理器，如果记忆主体不持续复述信息（俗称"默记"），那么它会在15至30秒内就消失。那些通过短时记忆并不断复述得到相应处理（被加入到联结的信息网络中）的信息能进入到长时记忆——一个容量很大的存储器中。长时记忆中的信息可以存储一分钟直到永远。后来心理学家发现在感觉与短时记忆之间，还存在一层人们根本没有意识到的记忆（短时记忆或者长时记忆都是人们意识到的记忆），称为感觉记忆（sensory memory），或称"瞬时记忆"或"感觉登记"（sensory register），例如迅速给人呈现一幅图像，他可能根本还来不及看清楚画面内容，如果让他回忆这个画面的内容，他虽然感觉有些困难，但却又存在模糊的印象，这就是感觉登记。感觉记忆的时间大约只有0.25秒到2秒，具有鲜明的形象性，它将感觉到的刺激按照物理特征的精确表征和感觉的顺序保持下来，格式塔心理学家们所发现的"视知觉"的理解力——知觉组织也就是在这个阶段发生的。感觉记忆、短时记忆和长时记忆构成了记忆信息加工的三级模式（图3-25）。

记忆信息加工三级模式过程如下：外界刺激被人所感觉到之后，进入感觉记忆，只有那些被主体注意到、经过感觉登记的信息才能进入到短时记忆[1]；

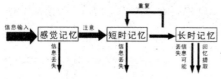

图3-25　记忆信息加工三级模式。

在短时记忆中，部分输入的信息丢失[2]，其他信息通过加工处理之后进入长时记忆，短时记忆非常容易受到干扰而丢失，因此记忆主体不得不不断复述以保证它能进入到长时记忆中；长时记忆是较为稳定的记忆，但是部分长时记忆如果很少回忆也会渐渐丢失或者难以回忆；长时记忆在需要时也会被提取到短时记忆中，作为信息加工的材料，这就是前面所提及的"自上而下的加工"。

如果将记忆的过程加入反应控制过程，那么这一完整的记忆过程相当于整个人脑的信息加工处理的过程。图3-26是美国心理学家Shiffrin和Atkinson在

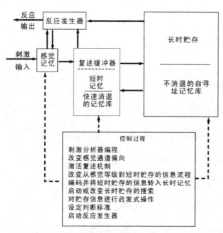

图3-26　包含控制过程的记忆系统模型。

---

1 图中箭头变细，表示部分信息被过滤掉。
2 图中箭头继续变细，表示部分信息再次被过滤掉。

1979 年提出记忆的补充模型，这个模型与前一模型相比，有三点增加[1]。

首先，增加了一个信息处理的控制程序，其中包含了信息从感觉记忆到短时记忆再到长时记忆，以及从长时记忆中提取信息的全部控制内容。

其次，这一模型认为长时记忆按照一定记忆槽存贮，在需要时可以自动寻找存贮的地址加以提取，即记忆如同自动的图书馆书架，按照一定的内容存储信息，并且可以自动搜索到相应的"书籍"，再提取出来。

最后，补充了从三重记忆中提取信息控制人的反应的部分。

3.2.4 短时记忆与长时记忆

记忆信息加工三级模式提出了"长时记忆"和"短时记忆"的重要概念。如果我们使用电脑作类比，那么长时记忆相当于电脑中的硬盘，从理论上来说，它能贮存无限的信息。有学者认为长时记忆中的信息是不会丧失的，只是由于缺乏提取的线索而无法回忆而已，也有学者认为长时记忆中的信息也会由于缺乏强化而逐渐淡忘。短时记忆则相当于电脑中的缓存，它一次只能保存很少的信息量，这个有限容量是 7±2。1956 年美国心理学家米勒（George A. Miller）发表了著名的论文——《神奇数 7±2》，明确提出这是人进行信息加工能力的限制，也是短时记忆的容量，目前这个看法被大量实验所验证，成为认知心理学中的一个公理。虽然人的短时记忆容量看上去很小，但 7±2 的数值没有某个特定单位，它可以是一个数字、一个人名、一个单词、一个地址、一组电话号码，任何一组互相联系的信息。米勒（1956 年）将这个信息单位定义为"组块"（chuck），即由若干较小单位联合而成的，熟悉的、较大的、有意义的信息单位，例如每个字母都可以被视为单个的组块，而当若干字母组合成一个单词时，也可以称为组块。

组块对于人们的快速记忆具有重要的意义，如人们记忆很长的数字时，会将它们分为三至四个数字一组，并且还会将它们与熟悉的信息联系起来，例如"1949 是建国日"，"7.18 是生日"等。组块还是专业知识（例如下棋、设计、计算机编程）中最常用到的信息单位，赫伯特·A.西蒙认为高级棋手之所以能比生手更快速地对棋局进行反映，因为其记忆中存储了大量棋局组块，这些组块能帮助他们无须过多思考就对棋局作出正确的反应，其他学者通过实验证明其他高级思维活动中也是如此。

基于这一理论，我们可以发现资深设计师在设计时，以组块作为设计构

---

[1] 本模型引自《认知心理学》，王甦、汪安圣著，北京大学出版社，1992 年版，第 125 页。

思活动的基本信息单位，当他们开始进行创意时，那些他们熟悉的多个特定组块会自动以"意象"的方式浮现在意识中，因此他们比新手往往能更迅速地得到多个方案。但对比之下，可能发现熟手们最初所出的造型方案具有某些类似之处，因为他们常常将最偏爱的组块率先用于设计中，或者说这就是设计师风格的定型（图 3-27、3-28、3-29）。我们设想，如何提取大量设计师的"组块"，将为未来设计知识累积和智能化设计带来极大的起色，那么也许类似"蓝色巨人"的计算机象棋大师般的辅助设计大师也可能出现了[1]。

最后需要说明的是，记忆组块一旦形成便不易于随便拆分为最初的基本信息，除非这些基本信息也以组块的形式保留下来。比如著名设计作品，我们看到时能立即识别出它们，但如需进一步回忆这些作品具体细节，每个部件的曲线，或部件间位置和连接关系如何，却都无法清楚回忆出来。

将短时记忆转变为长时记忆的方式有两种：一是通过不断重复的背诵，就像孩子学习乘法口诀那样；二是将新信息结构化，通俗的说法就是"理解式记忆"，即使信息与人脑长时记忆中有组织地结合起来，或者说将它叠加进"语义网"中。例如我们要记忆陌生人的容貌，可能会觉得他长得有点像我们熟悉

科拉尼 1977 年　便携电视　　科拉尼 1974 年　交通工具　　　　科拉尼　汽车设计

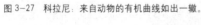

图 3-27　科拉尼：来自动物的有机曲线如出一辙。

 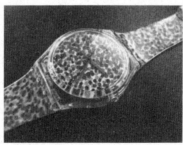

曼迪尼 1978 年（Alessandro Mendini）曼迪尼　1996 年　Swatch 手表　　曼迪尼　1995 年　Sole 钟
"普劳斯特"扶手椅

图 3-28　曼迪尼 20 年来对来自"点彩派"的彩色点一直情有独钟。

1 笔者并不赞成基于设计知识的计算机能替代设计工作，因为复杂的情境导致了设计工作的复杂性，并且艺术设计的艺术质也会导致"意外"和"陌生感"，这是设计愉悦性的重要来源。但是提供大量设计"组块"，能减少设计师检索资料的时间，提供给设计师发散思维的参考，以及目前尚不能预计的好处，具有极大的探索价值。

西方人用日式晚宴座椅　1970 年　Arco 灯　1962 年　　坐凳　1957 年　　迷你台灯　1966 年

图 3-29　卡斯蒂里尼兄弟偏好钢管支撑节点的造型。

的某个人，或某些面部特征与所熟悉的人相似。如果人们记忆某个概念的时候，不能直接与长时记忆中合适的信息联系起来，我们就会提取这一概念所包含的要素，将它们放置到长时记忆中的相关范畴中，比如芒果这个概念，我们可能将它的图像、色泽、触觉、口感、产地等信息归纳到记忆中的各个相应的范畴中，当回忆这一概念的时候，人们根据其中某一条或几条线索在长时记忆中检索这一概念，例如黄色的果皮、特殊的香味等，这种帮助我们提取记忆线索的方式被称为"提取信息"（retrieval cues）。

3.3　注意：眼球争夺战

　　人的认知过程的起点是知觉，知觉包括感觉、知觉组织和识别三个阶段，感觉到的信息中被人们注意到的那部分才能被识别，因此注意其中的信息过滤机制。

　　注意是指主体的心理活动对一定对象存在指向和集中，具体来说，就是有机体对周围环境刺激的选择性知觉。人们的感受器在一定时间单元内接受信息的能力是有限的（一次 7±2 比特的信息量），这种限定决定了人们在接收信息的时候，必须依照一定的策略进行，即人们接受信息的方式。最早提出这方面问题的是布罗德本特（Donald Broadbent），1985 年他在《知觉与通讯》一书提出：人的注意类似于"过滤器"，只有有限的资源去执行全部的信息加工，大多数信息在传递过程中被过滤掉了，这也就是注意的过滤器理论。由于人的注意是有限的，人们常常不能明确意识到所处环境中的大部分刺激。

　　奈瑟（Neisser）在此基础上进行了进一步的研究，提出了"前注意加工"和"集中注意加工"的概念。他认为，前注意加工负责非目标信息的加工，是一个快速、总体的、很可能是并行的过程，并且使用以往存储的记忆时是在无意识的状态下进行的。集中注意加工则是缓慢、精细、串行的加工过程，

設計心理学

包含自下而上的数据驱动和自上而下的概念驱动过程[1]。集中注意的过程即锁定目标信息的过程，它能导致意识的产生，是将外部感觉信息和人脑中记忆结合出来的产物。

"注意"是设计中的重要概念，吸引消费者的注意、达到促销目的是设计的重要经济职能。从功能的角度而言，设计师有时需要巧妙地令重要信息引起人们的注意，例如工业设备通过警戒色提示用户远离危险部件，标识体系通过醒目的图文、色彩体系为用户导航等。

3.3.1 注意指向

既然人们对外界的注意都具有选择性，哪些信息能引起人们的注意，进入其意识之中？心理学研究表明，主要包括两个方面：一是注意主体根据自身目的将注意力指向目标——目的指向选择；二是物体本身的刺激特性——刺激驱动捕获。

1. 目的指向选择

由于人的注意能力有限，当外界信息超出个人处理能力（即信息超载）时，人们会把注意集中于与当前任务（目的）相关的信息上，并且，人们的兴趣、爱好影响可导致其目的性，因而，目的指向选择也体现与人们更愿意注意到其有兴趣的、比较熟悉的事物。斯塔奇（Starch）调查发现，男人阅读汽车广告比阅读妇女服装广告高出四倍，妇女则阅读最多的是电影和女装，比阅读蒸馏酒和机械广告高出三倍，比阅读旅游广告和男装广告高出一倍。

因此，设计必须明确提供用户（观众）该产品（包括广告、包装）最重要的信息，并且为了提高设计的说服力，还应着重提供产品主要价值的有效信息，其中包括产品性能、结构、材质、主要使用方式等，特别那些价格较同类产品昂贵或新面市的、多数消费者较为陌生或存在疑惑的产品尤为重要。当用户步入卖场选择某一款产品时，是一种目的性的搜索过程，能明确体现其目的性的产品外观及相应的广告、包装最能引起他们的注意。

另外，除了直接获利的目的导向，在物质文明高度发达的现代，人的需求是复杂而多层次的，功能的满足仅仅是基本需求，其上还包括社会尊重、爱与被爱、自我实现、审美等精神方面的需求，目的指向的注意对象的范围逐渐扩大，那些能体现目标用户（观众）核心价值观的设计如今更能吸引人们的注意（图3-30）。当人们期望通过其消费的产品来证明身份和地位时，那么，

---

1 参见上节相关内容。

设计为表现某个产品为目标用户参照群体的优先选择时，能较好地引起消费者的注意和认同感。比如，广告中，幸福家庭里能干的主妇熟练地使用某一厨房家电，它提供给观众这样的潜台词：您使用了这款厨房家电，就会和这名主妇一般能干、幸福。再如图 3-31 所示的卖场中，展示设计师一方面将所销售的最典型、最优质的产品明确陈列出来，并以灯光、货架等辅助元素烘托出卖场的整体氛围，另一方面通过目标消费者的参照群体（优雅的贵妇人、可爱的女童）的照片，提示消费者该产品的价值，有效地吸引了消费者的注意。

图 3-30　人本主义心理学家马斯洛的需要层次理论示意图。　　图 3-31　高档女装和儿童产品卖场的展示设计。

2. 刺激驱动捕获

从刺激信息的特性来看，外界输入的信息越强、越不确定、越难控制则越容易吸引人的注意。正如前面讨论过的那样，必须达到一定绝对阈限和相对阈限的信号才能被人们所感知。当外界环境的刺激信息均处于人类感觉阈限范围之上时，人们是否能注意到某一信息则首先取决于该刺激信息与其他信息强度差别量的大小。

心理学研究已证实了以下规律：

1）大小刺激。一般而言，尺度大的事物更容易吸引人的注意。有人曾对刊物中不同篇幅大小的广告进行对照实验，实验发现随着广告版面篇幅的增加，注意率也相应增大，半页版面的注意值是 13.3，而全页广告则是 25.9[1]。

2）对比刺激。同一事物内的要素对比越强烈越容易获得注意。例如广告设计中常用到的大面积留白、面积很小的字体或图像或者使用对比强烈的补色搭配。

3）活动刺激。运动的或是变换的物体比较容易引起主体的注意，这源自人类最初的生存需要，活动的物体通常需要猎物或躲避天敌。比如变换着的霓虹灯比普通的灯箱广告更加引人注意，带动画的网页比静态网页更吸引人。

4）颜色刺激。研究发现黑色与单色结合的配色比黑白广告要引人注意，四色广告比黑白广告的被注意度高出了 54%，暖色系比冷色系更引人注意。

1　马谋超：《广告心理》，中国物价出版社，2000 年版，第 42 页。

图3-32　欧莱雅香波广告：利用明度对比和大小对比引起注意。

[日]福田繁雄 反战招贴

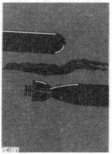

[德]门德尔 奥塞罗海报

图3-33　招贴为了实现一定的信息传递目的，需使其宣传的内容迅速有效地吸引观众的注意，因此不少现代招贴采用纯色背景，图形巨大或对比显著，具有极强的视觉冲击力。

5）新奇刺激。人的感觉器官具有适应性，因此出乎意料的刺激容易吸引注意力，能令人从现在注意的对象上转移注意。例如安静场合内的一声巨响、黑白背景中的彩色信息等。这一理论除了常常用于展开"眼球争夺战"，在提示、警报等方面也具有重要意义。如操作界面中，常将危险的、重要的部件设定为鲜艳的颜色或尺寸特别大、形态与众不同，选中时按键、界面的色彩会发生变化，以区别于周围界面的内容。图3-34显示了很多场合下，需要用多个显示器显示产品运行状态的时候，常用以下几种提示注意（报警）的方式：a 指针偏离正常位置；b 变色；c 发光或发出报警声。

3.3.2 理性诉求和情感诉求

广告的目的在于"广而告之"，吸引大众注意是其有效传播的基础。广告学中将广告的诉求方式区分为"理性诉求"和"情感诉求"两类，

图3-34　显示器提醒人们注意报警的方式。

两类诉求都需要吸引消费者的注意，区别在于两者强调的焦点。前者将消费者视为理性思维者，设计强调（甚至夸张表达）能满足消费者实惠需要和带来实际利益的产品属性；后者则有意识地诱发客体的某种情感，影响和诱导他们的评价和判断。如图 3-35、36 中的两张广告，左侧 IBM 显示器广告，画面并无过强的冲击力，其诉求焦点在于强调产品性能上的改善和变化；右侧图中这款座椅广告则相反，它并没有强调产品的任何性能上的优点，而只是以其他款式的座椅上吊——这一出人意料的画面刺激人的情绪。实际情况下，不少设计会同时使用两种策略，一方面刺激人的感官，一方面也提供基于潜在消费者目的的诉求内容。

图 3-35 目的指向选择。

图 3-36 刺激驱动捕获。

3.3.3 注意分散

长时间注意之后会引起信息超载现象，导致人的注意被分散。我们有这样的经验，当正集中注意做某项工作时，忽然听到警报声或自己喜爱的乐声，会转移注意，这一现象称为刺激干扰目的注意。为什么刺激导向的注意常常会干扰目的导向的注意活动？其原因首先在于它是一种生物进化中形成的保护机制，是一种警报机制；其次，人的知觉系统长期集中于同一刺激源上会造成神经的过度疲劳，因此会转向新的刺激上。

基于以上原因，用户无法长时间集中于同样任务中，尤其对人的注意要求较高的思维活动；某些情况下，一旦用户被要求长期集中注意于某一事物，他们会感觉疲劳、焦虑，继而或者逃避刺激源，或者无视其中的部分刺激，对其习以为常，寻求和谐和平衡。例如网页上如果动画过多或多媒体画面（电视、电影）上活动的要素过多，或者在人流量极大的商业街中漫步，长时间后人们会有不适的负面感觉；并且，即使刺激的强度再大，新奇度再高，当观众习惯之后便不再会注意它了。所以那些主要以样式吸引消费者的企业不得不时常变化产品风格和样式，区别于以往的或竞争对手的设计，以期不断重新吸引消费者的注意。

3.3.4 信息搜索策略

由于人的注意能力是有限的，决定了人们搜索目的信息的时候，要依照一定的策略进行，这种策略即人们接受信息的步骤和方式。信息理论家摩尔斯（Abraham A. Moles）提出人们接收信息的方式可以简单区别为整体理解、顺次探索和随机获得三类。

1）整体理解（globle apprehension），指人们首先对认知对象产生一个整体性的印象，再受其目的性（兴趣）的驱使，进行进一步的认知。正如格式塔心理学家们发现的那样，在人们意识到对象之前，存在一个很短的前注意过程（"感觉登记"），其间人们按照一定原则（接近、相似、共同意义、流程连续和封闭）组织视觉对象，人们注意到的对象便是整体和全局。

2）顺次探索（sequential exploration），是指具有一定目的指向的人们按照一定顺序注意到客观对象。探索的顺序与人们的惯用思维方式——启发式[1]相关。

3）随机获得（randonmness），是指有时在外界刺激信息并无特别差异性的情况下，人们随机地注意其中某些信息。

3.4 记忆：学习策略

记忆是个体最重要的心理机能之一，人们的意识和行为都离不开经验，人们能够辨认周围的事物，或者按照习得的动作学习、生活，都依赖记忆。记忆是个体过去所经历的事物在大脑中留下的痕迹，只是不像其他痕迹，例如纸张上记录的信息能观测到，而人的记忆无法直接观测，所以只能通过个体的外显行为加以研究。不同的心理学流派对于记忆有着不同定义，普通心理学将记忆

---

1 启发式（Heuristics）是指人们惯用的思维方式，即哪些形象组块更易于被主体从长时记忆中检索出来。美国认知心理学家特阿摩司·图伏尔斯基（Tversky）和丹尼尔·卡尼曼（Kahneman）于20世纪70年代提出了几种常用的启发式，分别为代表性启发式、可得性启发式以及锚定－调整启发式。（参见中国科学院心理研究所周国梅、荆其诚：《心理学家 Daniel Kahneman 获 2002 年诺贝尔经济学奖》）

定义为"经验的印留、保持和再作用的过程"[1]，设计学科则普遍采纳认知心理学中对"记忆"的定义："存储和提取信息的容量"，或者"人脑对外界输入的信息进行编码、存储和提取的过程"。

遗忘是与记忆相对的概念，是记忆减退的过程。最早对记忆与遗忘现象进行科学实验研究的是德国心理学家艾宾浩斯，在他设计的实验中，被要求学习无意义音节，然后，他使用再次学习所能节省的学习时间（百分比）来测量人遗忘的规律，最后得到了如图3-37所示的"遗忘曲线"[2]。从遗忘曲线中我们可以看到：首先，人们最初对于所学习的材料遗忘得很快，额外的学习次数可以提高记忆，对抗遗忘；其次，两三天之后，遗忘曲线开始保持稳定，记忆基本形成。艾宾浩斯的实验证明学习后的时间间隔和学习数量是影响记忆的两个最重要的因素，揭示了机械学习（不受语意影响的学习记忆过程）的一般规律。一般人们初次接触一种语言，包括外语或程序时，可能并不理解这些语言的意义，在这一期间，主要记忆方式就是类似艾宾浩斯的反复重复的记忆。但艾宾浩斯的研究主要是针对长时记忆的，不涉及瞬变的"短时记忆"。

按照记忆的"信息加工三级模式"所描述的那样，记忆涵盖了信息加工的全过程。记忆的过程被概括为三个部分：识记、保持和回忆，以认知心理学的术语来说就是编码、储存和提取（解码）。

1）识记，就是去记的过程。这仅仅是对这一现象的描述，认知心理学则以内在的机制出发，将这一过程称为编码(Encoding)，即主体将感知到的信息有意或无意转变为大脑可以接受的形式的过程。编码具有两种形式：一是将外界信息编码到工作记忆（短时记忆），二是将工作记忆转入长时记忆，这一过程就是学习或训练。

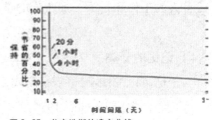

图3-37 艾宾浩斯的遗忘曲线。

2）保持，认知心理学中称为储存（Storage），即把信息以一定的方式保存在大脑中，知识的存储也可以称为知识的表征，就是以某种方式存储知识。短时记忆的贮存主要为空间的和言语的，长时记忆的贮存主要为程序性、陈述性知识和原型。

3）回忆（包括再现和再认），认知心理学称之为信息的"提取"（Retrieval）

1 张祖述、沈德立：《基础心理学》，教育科学出版社，2001年版。
2 注：再次学习所能节省的学习时间的计算方式如下，第一次学习某个序列需要12遍，隔一天后，学习同一序列需要9遍，那么（12 − 9）/12得到0.25，即节省的时间百分比为25%。

过程，也是一个解码信息的过程，个体记忆的好坏是通过所能提取的信息量来判定的。事实上，正如前面所提到的，许多学者提出一旦进入长时记忆的信息不能或很难消退，但也不一定能随意地被正确提取出来。

回忆包括两个方面，再现和再认。再现是回想起记忆中的信息；再认则是将记忆中的信息与被提供的某种信息加以比照以确认是否一致，即前节所说的"原型匹配"。再现需要"头脑中的知识"，再认则是"放置某些世界中的知识"，再认通常比再现要容易一些，后者需要提取较多记忆对象的信息以便"信息重组"，而再认则只需部分典型性的特征——原型便可以实现了。

了解"记忆"规律对设计心理具有重要意义。首先，人必犯错，人的错误和失误常常来自记忆上的失误，记忆的失误使人们无法再认对象，作出正确判断和决策，或按照既定的程序执行任务。例如，一位司机迷路了，不得不低头在 GPS 动态导航屏幕上搜索道路，在关键时刻脱离了对道路的监控，导致了车祸事故；第二，人的记忆并不稳定，即使进入长时记忆的事物也很可能突然难以提取出来，比如用户常常忘记或混淆各种密码，导致银行账户由于输入错误过多而彻底无法登录。第三，人工机器（界面）日趋复杂的今天，几乎无法不经学习直接使用，易学性是评价产品可用性的重要指标，易学性包含了最初接受度及在整个使用周期中不断学习的容易程度，衡量易学性的度量单位是学习（训练）时间。基于以上理由，掌握记忆规律，能提高系统的可用性和安全性，改善人的工作和行为，加快人的学习效率。

3.4.1 记忆的分类

记忆可以按照不同的标准加以分类，主要分类的方式包括：

1. 心理学家 Paivio（1975 年）提出双重编码说，按照记忆表征的形式，将长时记忆分为两个系统，表象系统（形象记忆）和言语系统（词语逻辑记忆）。其中表象系统是对感知过的事物的具体形象的记忆，而言语系统是以概念、命题为内容的记忆，这是两个彼此独立又相互联系的系统。一般而言，人们的形象思维活动加工处理的材料主要是形象记忆，逻辑思维加工处理的材料是语言逻辑记忆。由于记忆的第一个阶段——感觉登记是按照时间顺序对感觉对象的物理特征的完整记忆，具有鲜明的形象性，因此可以说人的记忆都是从形象记忆开始的。

2. 加拿大心理学家图尔文（Tulving）1972 年在《记忆的组织》一书中，

按照记忆的内容，将长时记忆区分为情景记忆和语义记忆。情景记忆接受和贮存关于个人特定时间的情景或事件，以及这些事件的时间—空间联系的信息；语义记忆是运用语言所必须的记忆，它是一个心理词库，包括个人所掌握的有关字词或其他语言符号、其意义和指代物、它们之间的联系，以及有关规则、公式和操纵这些符号、概念和关系的算法的有组织知识。简单来说，前者就是关于某个时间内发生的事情的记忆，后者是用一定概念描述物的意义的记忆，这些关于概念的信息称为语义信息。例如提到家中的一件物品时，我们会出现两种记忆，一是回忆在哪里购买到的这一产品，当时和谁在一起，花费多少钱，以什么方式付款；二是关于这个产品的一些概念，比如它的产地、性能、材料等。前者就是所谓的情景记忆，我们通常说"记得"；后者则是定义该事物各种属性的知识，称为"知道"；回忆前者的确信度来自个人信心，而回忆后者的确信度来自社会的一致约定，因此情景记忆较为个人性的，语义记忆则较为社会性。日本著名电影《罗生门》曾演绎对同一情景的记忆，由于不同个体的理解方式不同所产生的巨大差异。而语义记忆则不存在这样的问题，它往往具有严格的定义。两种记忆的区分对于帮助人们提取相应类型的信息具有重要意义，提取情景记忆所依赖的提取线索是重演当时的情景，例如医生常将失忆者带到他以往生活的场景中；而提取语义记忆所依赖的线索是与回忆对象相关的各种知识，比如学生在背诵课文时，提示他其中某个词语或句子就可能唤起其后的内容。

3. 根据记忆中意识参与的程度可以分为内隐记忆和外显记忆。前者是无意识的记忆，而后者则是有意识的。例如前面提到感觉登记就是一种无须意识参与的记忆；还有那些长时记忆中的久远记忆，我们无法轻易回忆起来，凭借碎片般的零星回忆能得知它们存在，只是无法找到提取的线索了，这种情形类似于日常被遗落在某个角落的小物品，很难找到。广告心理学中曾提到一种对消费者购买动机的无意识的唤醒方式，即通过情境或广告使消费者受到被动刺激，消费者虽然没有意识到什么内容，但又似乎模糊地留有了一点印象，当他们有目的地去购买商品时，会出现熟悉感。

4. 同样根据内容区分的典型划分还有安德逊（Amderson）1980 年提出的陈述性记忆和程序性记忆。陈述性记忆是对事实和事件的记忆，程序性是关于如何去做某些事情的记忆，它也就是我们通常所说的"技能"，它是通过一段时间内不断地重复（强化）将有意识的陈述性记忆转变为无意识的、自动的表现，而且，一旦技能形成，我们会发现再去讨论最初的陈述性记忆已经不容易了。比如说一个熟练的打字员，她能飞快、正确地敲击键盘，但是如果你请她回忆键盘的排布方式却非常困难；或者回忆身份证号码或家中的电话号码，但到了中间忽然被打断，你发现无法想起后面几个数字，而不得不重新再从第一个数字复述出来，这可能因为技能是作为一个组块被记忆的，组块中的信息很难被单独提取出来。

3.4.2 记忆干扰

短时记忆和长时记忆都具有对信息编码、贮存、解码的功能，短时记忆是工作记忆，它能处理外界的选择性注意刺激和提取自长时记忆的比对信息。由于记忆需要占用有限的加工资源，因此，各类不同记忆信息存在相互干扰的现象，干扰是发生回忆错误的重要原因。

1. 短时记忆干扰

短时记忆是人的工作记忆，学者巴德利（Baddeley）将短时记忆的核心内容分为言语—语音代码、视觉—空间代码、中央执行系统。代码是编码后产生的具体信息形式，言语—语音代码以言语的形式表征信息，主要为语音和文字[1]；视觉空间代码主要以图像的形式表征信息，两种代码分别对应形象记忆和词语逻辑记忆。中央执行系统负责协调和控制工作记忆活动，将注意资源分配给其他子系统。例如我们同时接受到声音刺激和图像，但却很难同时注意两者，正是中央执行系统控制了"哪些信息能获得我们的注意"。

学者们认为，语音代码和视觉代码似乎更多以合作性而非竞争性的形式发生作用，也就是对用户而言，与两个任务同时使用一种代码相比，两个任务使用两种代码将获得更有效地加工资源分配。比如飞行员全神贯注驾驶飞机时，如果地面指挥提供导航信息，最好利用语音通知；用户操作电脑写作、计算绘图时，工作记忆主要进行言语代码的加工，此时视觉空间代码的使用，例如控制鼠标、观看屏幕并不会造成太大干扰，话语、音频等同样要求言语代码加工的工作则会造成更大干扰。

2. 中央执行系统干扰

中央执行系统负责协调多任务操作，例如提取长时记忆、选择注意刺激等，它的处理能力也是有限的，自动加工的任务不会干扰它的工作，而其他也需要控制的工作则会对它产生干预。比如作家写作时，需要重复调用长时记忆贮存

---

1 心理学家认为，人的阅读常借助内部言语来实现，所以认为听觉的、口语的、言语的代码是一组，统称为 AVL 单元。

的资源转化为书面文稿，打字或写字（技能作业）不会干扰作业，而如果旁边有人和作者说话，则写作行为将会受到干扰，因为理解对方语言，也需要调用记忆信息进行加工。

3. 长时记忆干扰

学习是将外界信息存贮到长时记忆中的过程，也是在记忆中形成组块，以加快加工速度，减少加工资源消耗的过程。

记忆中存在两种再作用（即记忆之后的）的现象，一种叫做"重学节省"，即我们对于那些曾经记忆的信息（进入长时记忆），即使不能再现，甚至不能再认，但再次学习时，学习的时间和遍数都能减少，这一现象最早是艾宾浩斯在 19 世纪末时提出的。他还因此提出反复学习是记忆无意义信息的唯一方法。

另一种再作用的现象，称为"正负迁移"，是指前后记忆的信息相互之间存在影响。有时，先学的内容能促进后学内容的学习，例如先学过国画的人再学习书法能更快地掌握，这称为正迁移；有时先学的内容会干扰对后学的内容，如先学过英语的人再学习德语，有时会混淆两者的语言规则，这称为负迁移。负迁移通常是在当两种情景具有类似或相同的刺激信息、反应关系或策略成分，两者难以同时操作时就会出现。正负迁移主要取决于刺激元素和反应之间的关系，具体如下表所示：

表 3-7 前后学习之间的迁移关系

刺激元素	反应	以两项程序控制的两项操作为例	迁移
相同	相同	程序 A 和程序 B 步骤同，反应类似	+ +
相同	不同	程序 A 和程序 B 步骤同，反应不同	-
相同	相反	程序 A 和程序 B 步骤同，反应相反	- -
不同	相同	程序 A 与程序 B 步骤不同，反应结果相同	+
不同	不同	程序 A 与程序 B 步骤不同，反应结果不同	0

在设计中，设计师应特别注意干扰效应，使设计能产生正迁移，避免负迁移。主要原则包括：

1. 模块化设计，使整个系统以类似模式（程序）工作。目前不仅同一产品或同一品牌的系列产品趋向于采用同一模块进行控制，许多厂家共同制定协议，使各个厂家同类产品之间也具有类似的控制、使用方式。如图 3-38，Microsoft 公司自 office 系列软件诞生以来，软件界面一直采用模块化、系列化设计，使用户升级软件后无须重新学习，但最近推出的 office2007 软件，从美化界面的角度考虑，将原有模块进行了较大变化，导致不少用户抱怨找不到相

图 3-38 word95、word2003 和 word2007 界面设计比较。

图 3-39 容易导致误操作的诺基亚 2600 手机。

应的功能。如果不是 Microsoft 公司在市场上具有绝对的垄断地位，这样降低"可用性"的设计势必会影响软件的销售。

2. 结果类似，控制方式或程序应类似；而结果不同，控制或显示结果也应具有相应差别；反之也应如此，即相似操作对应相似结果，不同操作对应不同结果。比如设计一个开关闸，向上代表打开，向下代表关闭，如果设计另一款同类产品，也应类似。如果相反，负迁移会导致用户不仔细思考的情况下频频出错。图 3-39 左边诺基亚 2600 款手机，是低价位机型较受欢迎的一款，但设计上存在一点小问题，如图所示，它的"挂断键"与熟悉诺基亚手机的用户记忆（参考图右诺基亚 6230 手机）存在差别，原本应是挂断键的按键现在只作为电源开关，很容易导致用户的误操作。

3.4.3 长时记忆的存贮结构

编码后的信息按照怎样的方式存贮在长时记忆中？生活中，你试图回忆某件物品放置在哪儿，却总是无法想起来，这时你可以开始思索最后一次使用它的时间、地点、当时的场景等，也许最终你能找到放置的地点。可见，长时记忆中的信息是按照一定组织结构存储，也就是说，记忆会将相似或相互关联的信息存储在一起，以便人们在需要时利用某一刺激（即"提取线索"）提取出来。这种形成归类和范畴的信息叫做概念，人们在成长过程中不断获得一些存在某些联系的知识和体验，这些知识和体验在记忆中按照一定模式联结起来，就是概念。比如概念"鸟"的语义包含了人们对鸟这种生物的全部体验，当然不同个体对于这一概念的理解也不尽相同，那些从来没有见过鸟的人也许会将一些不合适的特征集合到这个概念中。

　　概念形成是对世界的体验的归纳、概括和抽象化的过程，人们通过概念表征客体（如鸟、书、电话等）、特征（如红色、明亮、大的）、抽象思想（爱、理想）以及关系（按下红色按键机器就会停止）。这些概念都是以语义的方式组织起来的（即言语系统），而如双重编码理论所提及的那样，人们还存在以形象表征的记忆，即表象系统，这是对设计艺术而言更重要表征方式。无论是语义的概念还是表象的概念，它与同样需经过抽象和归纳、概括的处理，从而形成典型性的记忆——即前面所说的"原型"[1]。原型是作为人们的样本库的平均而出现的（Hintzman,1986 年，Nosofsky, 1992 年），每当人们体验到同类对象，就会将补充该对象的典型描述，从而更新它的原型。比如人们看到海豚的时候会倾向于将它归为鱼类，因为它与鱼的原型比较接近，但是通过学习，他们可能了解到它是一种哺乳动物，虽然每次将它归为哺乳动物的反应仍比一般判断要慢，但是毕竟还是可以正确分类的。图 3-40 中 Solso 和 MaCarthy 的实验说明了表象记忆原型的存在。实验中 P 是按照原型面孔变化的一张面孔，将它首先呈现给被试，再让他们观看第二组面孔，其中包括 P 样本，原型面孔以及新面孔，识别结果如图表所示，尽管被试从来没有见过原型面孔，仍对它表现出较高水平的确信度。由此可见人的表现记忆也同样存在典型记忆。

　　我们已经知道概念是记忆的基本单元，它所指的通常为人对事物的典型体验——原型，那么这些基本单元又是按照怎样的顺序搭建起记忆呢？这种将各个独立概念组合起来的单元被称为图式（Schemas），它是于事物、人、情境的概念框架或知识群，它类似于计算机语言中所谓的"数据包"，图式中，人们以其他概念的集合来解释某一概念的，概念之间按照相互关系互为解释，产生了呈网络状的概念框架结构。

　　关于图式内的概念联结方式有两种主要观点：一是科林斯（Collins）和奎立恩（Quillian）于 1969 年所提出的层级网络模型，如图 3-41 所示，概念按上下级关系组成网络，每个概念的

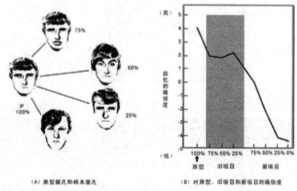

（A）原型面孔和样本面孔　　（B）对原型、旧项目和新项目的确信度

图 3-40　原型形成的实验[2]

1 参见前文"原型说"的相关内容。
2 [美]理查德·格里格、菲利普·津巴多：《心理学与生活》，王垒，王甦泽，人民邮电出版社，2003 年版，第 214 页。

意义凭借该概念和与其他概念和特征之间的关系来决定。按照这种层次网络模型，人们提取信息是按照连线搜索。但是基于推理判断的层次网络模型也存在一些缺陷，比如它无法揭示许多横向联系之间的关系，比如所谓的典型性效应，即人们对典型概念的判断远快于非典型概念，从层级看，鸵鸟和金丝雀处于同一水平，但判断鸵鸟是鸟类比判断金丝雀是鸟类要慢得多。另外按照这一理论，作出否定判断必须对网络进行全面搜索比对，而人们作出否定判断并不慢，这也是它无法解释的问题。

因此，科林斯和劳夫特斯（Loftus）在1975年又对于层级模型进行了补充和完善，提出的激活扩散模型，各个概念还按照相互之间的关系和相似性交织，形成了纵横交错的网络（图3-42）。它放弃了概念的层级结构，按照语义联系或语义相似性组织概念，方框内是独立的概念，连线表示相互之间的关系，连线越长联系越密切，因此具有共同特征越多的概念连线越接近，否则越疏远；另一方面，连线使用频率越高则连线强度也就越强。记忆提取时，假定一个概念受到刺激被激活，然后沿该结点的各连线同时向四周扩散，概念加工的时间越长，释放激活的时间也越长，但激活的扩散逐渐减弱，不同来源的激活在某一结点形成交叉，那么该结点的激活相叠加，达到一定活动阈限时候，产生交叉的网络通路受到评价。可见，当人们对一个概念进行长时间思索和判断的时候，能激活更多联结的概念，其中使用频率最高的相关联结最容易被激活。

记忆结构帮助我们理解了"预期"的概念。预期使人们不容易惊奇或兴奋，

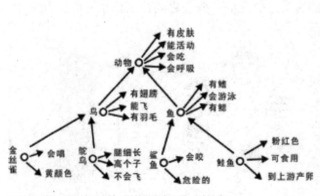

图3-41 层级网络模型片断，科林斯和奎立恩，1969年。

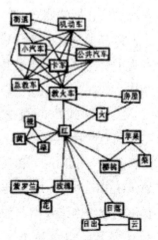

图3-42 扩散激活模型（片断），科林斯和劳夫特斯，1975年。

加快我们的信息加工过程。比如"汽车"图式的信息包括,四个轮子的交通工具,需要一名驾驶员,使用汽油、柴油等燃料等;如果出现无人驾驶、三个轮子、无须燃料的汽车,它超出了"图式"的信息,因此需要花费较长时间进行搜索和判断,也就吸引了人们的注意。当被告知这也是汽车时,人们则需要学习,以补充图式信息。这就是前述中谈及"注意"这一心理现象时曾提到:与周围环境特别不匹配的物体或者新奇、独特的事物一方面会造成人们的识别障碍,另一方面容易引起人们的注意。每个人由于知识背景的不同,其记忆中图式的信息数量、内容各不相同,知识经验丰富的人的语义网络更加复杂、密集,同时也就较少易于惊喜,比如成年人就明显不如孩子更易于对事物产生兴趣。

"原型"和"图式"的概念对于设计艺术的启示至少包括两个方面:第一个方面,原型和图式代表了人们对于所认知事物的期望,那些与原型符合的物体能更快、更准确地被辨认出来;而那些符合人们的图式的事件、情形使人们感觉合乎常理,顺理成章。例如当人们观看和使用某个设计、作品的时候,会以其记忆中该产品或类似产品的原型作为对它的预期,那些与原型不吻合的设计一方面较能引起人们的注意,但也可能导致人们感到不习惯或者过于古怪,影响他们的接受程度;而产品的使用方法、流程以及对于产品上的各种要素(如按键、控制键、符号语意)识别形成了关于该产品使用的"图式",当用户购买的产品的使用方式与他记忆中的图式差别很大的时候,人们就会感到迷惑不解,需要补充这一图式(重新学习)。因此,设计师在进行设计创意时,可以从两个方面加以考虑:如果希望能节省用户学习或认知的时间,须尽可能近似原型以及符合常规图式(例如模仿那些人们较为熟知的样式或使用方式);而如果希望能较为吸引人的注意,并有所突破,则应主动摆脱原型的束缚。

图式是不断扩大的语义网,它能随着人们的学习和经验不断拓展,变得越来越复杂、庞大,但人们在图式中添加信息时又受到概念联结的影响,往往会将它进行简化和抽象,这样往往会影响记忆的精确性。认知心理学家认为回忆还是一种信息重构的过程,即人们对于一组信息的记忆往往是将它分解开来,归类于同类信息的记忆图式中,当提取信息时,人们需要将这一信息重组起来,而经过拆分、简化的概念重组时自然不会和与原对象完全一致,这就是记忆的扭曲。比如人们回忆多年以前所经历的一个场景时,可能首先出来的是那些最令人印象深刻的部分，接下来回忆者会感觉模糊，隐隐约约，此时，他一方面会忽略掉其中的某些细枝末节，记忆的重组呈现出显著的简化性；另一方面，他还可能以自己的知识和经验来补充其中的细节，例如询问场景中的人物的服饰，如果记忆者无法记忆的时候，他会从记忆中提取那些他认为最为接近其认知的信息作为补充。英国学者巴特利特早在1932年就曾经通过让被试回忆故事，再与原著相比较来证明回忆中的信息重组现象，实验发现被试复述故事的主题和措辞往往来自自己的文化背景和知识。这说明了，只有与人们原有语义网络形成联系的信息才更容易记忆。

另一方面，从设计主体的角度而言，图式形成了密集的网络，那些具有更强创新能力的主体能很快地调动更多与这个节点相联结的信息，这就是发散性思维的实质。设计师在进行创意之前的资料收集、市场调查等准备行为，一方面固然为了了解限制设计实现可能性的各种因素，另一方面也是为了拓宽语义网络的结点，以增加与设计对象相联结的信息。

3.4.4 学习与训练：自动加工与控制加工

学习和训练是一种典型的主动记忆的过程。人们一生需要不断学习，多数行为和知识都是后天习得的。对设计而言，消费者形成购买习惯的过程是学习的过程，用户熟练使用产品的过程也是学习的过程，而设计主体也需要通过学习才能掌握进行设计的基本技能和思维方法。因此，通过一定的原则、方法和策略来提高设计中的主体的学习能力，增强学习效果显得尤为重要。

1. 技能

技能是一种程序性记忆，以组块的形式保存在人的记忆中，形成组块的知识能为人们的行为提供"上下文"，从而节省人们的加工资源耗损，例如识别词组、写字、打字、驾驶和弹钢琴等行为，称为自动的加工。它的外在表现是主体能不通过有意识地控制，而自动执行某些行为。与之相对应的则是控制的加工，这类加工在需要不断从长时记忆中提取信息与之进行比对和判断，进行一些如写作、数学、艺术创作等问题求解的活动，控制加工需要占用更多的加工资源。

技能自动加工的属性使人们从事技能作业时，还可能同时进行其他需要意识参与的心理活动，比如熟练的司机可以一边开车一边说话，打字员可以一边打字，一边阅读需要输入的材料。但是这样做并不保险（有时会出现干扰）。

例如对于司机而言，如果对道路状况不保持一定的注意程度，当意外出现时，很可能来不及作出判断而发生车祸。

技能是很多工作的基本要求，并且是一种非常稳定的记忆，例如一旦学会骑自行车、打字、游泳等技能之后，几年或者几十年也不会忘记。即便如此，偶尔遗忘技能也可能发生，并可能造成很大的危害。例如为防止驾驶员技能的遗忘，许多此类行业都要求定期培训或者进行技能检查。车辆驾驶员不得不每年都去进行资格审定；而航空公司更加严格，他们规定飞行员每隔六个月都需要安排一次有关飞行的操作训练。

2. 学习和训练

技能形成的方式是学习和训练。早期行为主义心理学派认为人脑类似白板，如俄国学者谢切诺夫在《大脑反射》一书中所说："生命的一切意识的和无意识的动作，按其起源来说，都是反射性的。[1]"生物学家巴甫洛夫依据著名的"狗分泌唾液"实验提出，人与动物的行为都来自对外部刺激的反射，而他提出补充，人与动物行为反射的差别仅在于人能对抽象符号（即第二信号系统，如语言、文字、图像）产生反射，而动物仅能对实物产生反射（图3-43）。后来，斯金纳的工具反射原理修正了这一理论，提出主体通过学习形成特定行为与该主体所获得的行为结果反馈相关，正面的结果能促使他再次重复这一行为，直至熟练；负面的结果则会影响他再次执行这一行为（图3-44）。现代认知心理学家们的"组块"理论解释了学习和训练提高人的信息加工速度的原因，通过学习和训练，人们长时记忆中会形成与学习内容相关的知识组块（即专家知识），这些知识能使某些加工自动化，这些关于学习的心理学理论提供了改善个体学习和记忆能力的原则。

1）采用不同代码，减少认知负荷。因为人的短时记忆的容量非常有限，过度负荷的信息很难为人所认知和记忆下来。1996年心理学家马库斯（Marcus）等人曾经对比过利用图表、文本和图表加文本的三种形式来向学习者传授电阻器相关知识的效果，研究结果表明图表能帮助学习者将更多相互作用的要素转化为"组块"，减小短

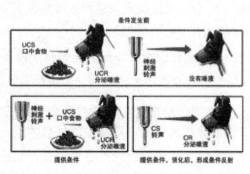

图3-43 巴甫洛夫的条件反射实验。

1 [前苏联]弗·谢·库津：《美术心理学》，人民美术出版社，1990年版，第17页。

图3-44 斯金纳的经典工具条件反射实验[1]。

时记忆的负荷；而图表加文本的方式——以形象和语言概念的双重通道提供信息，对学习者而言比单一通道（图表或文本）的方式都更具优势。其原因正如前文所述，双通道能同时利用不同的短时记忆成分（视觉或语音），减少记忆的互相干扰。这也解释了为什么人们更喜欢看图文并茂的资料，而不太愿意看单一的文本资料。

减少信息负荷，还可以通过改进学习信息的组织结构来实现，规则的、标准化的、系统化的、组织良好的、富有规律的信息更容易被组成组块，例如当某个产品需要很多控制器的情况下，应根据不同的功能进行区分和归类，类似功能的控制器应按照操作的流程放置在一起，这样能方便操作者记忆。

2）分解任务，分别训练。分解任务包括分段法和分项法两种，前者是按照相继阶段将一个任务分解成几段，并对每段进行充分训练，最后再和为一个整体加以训练，例如学习乐器演奏就采用了此类方法；分项法则是按照最终需要协同操作的多个成分（多个任务）分别进行练习，是一种并行的任务分解方式。例如学习计算机软件，我们通常就是一个功能接一个功能地进行学习，这些功能之间都是平行的关系，即便没有掌握全部功能我们也可以进行基本的操作。

3）提供结果的信息。根据斯金纳的工具反射理论，行为正面反馈能促使人们重复这一行为，因此对于学习者，应提供给学习者相应反馈，帮助其认识到操作的质量；正确行为应得到一定"奖励"，错误行为应得到相应的"惩罚"，学习者根据反馈的结果，避免再次重复错误的操作，而反复正确的操作。实践正面，所谓"奖励"和"惩罚"不见得非为功利性的，正面的信号和反馈往往就能起到很大作用。比如游戏设计中给用户的"分数"，它并无太多功利价值，但这些不断增加的分值也能有效地促使用户不断升级。

4）精细性复述。前面曾提及，复述是短时记忆能否转变为长时记忆的关键，那些被反复"默诵"的信息才能进入长时记忆中。复述分为两种，一种是保持性复述，即简单重复需要记忆的内容。例如默诵电话号码；精细性

---

1 白鼠被放进一个特制的箱子中，当动物碰到机关就能掉出一块食物;开始动物在箱子里面乱动，如果碰巧碰到机关，食物就掉出来，之后他们就越来越少碰其他地方，直到最后只碰机关，实验证明了正面结果的行为将受到强化。

复述则是将学习材料的信息与长时记忆中的信息联系起来，它能将信息嵌入到原有的语义网中，并为回忆提供更多的线索。

5）指导性训练，对于那些学习中出现的错误应及时纠正，一旦错误的内容转变为组块，进入到长时记忆中，这样再想纠正就很困难了。因此，在训练期间，应使学习者尽可能每次都作出正确的反应，将错误率降到最低限度。

6）实例学习，这一方式来自社会心理学的研究，通俗而言就是所谓"榜样的力量"。许多研究表明，通过一定的示范或例子可以提高学习的效果（Cartrombone1994年的研究；Lee & Hutchison1998年的研究以及 Reed & Bolstad1991年的研究），特别是那些概念性的知识，抽象性、概括性强，而与现实生活、人们的日常体验差别较大，通过深入浅出的案例加以说明非常重要。

7）对应一致性，为了使训练更加有效，目标信息和学习者之间的反应应该存在一致的对应关系，每次学习者所接收到的信号应该是一致的。例如教授电脑初学者学习一套软件，必须保证每组任务操作最后实现的效果都是一样的，否则他们会很难记忆这一套操作流程。曾有这样的经验，当传授给一个电脑生手学习文本编辑时，如果采用两种以上的方式来完成同一任务，比如用快捷键图标打开文件或用右键菜单中的"打开"选项，学习者感到很难掌握，他会反复询问为什么这步与上次不同。因此当学习者最初对学习内容一无所知时，需要特别重视信息的对应一致性。

3.技能保持

技能的保持有三个方面的因素，分别为：

1）额外练习，即在技能形成之后仍保持不断地练习。

2）区分不同类型的技能。研究表明，不同类型的记忆保持的时间不尽相同，其中感觉运动技能（驾驶）和运动技能很难遗忘，而那些不与人的肢体或感官直接发生联系的，并且具有认知特性的技能比较容易遗忘，例如按照某种计算机程序来完成某项工作。

3）个体差异性。不同个体的记忆能力并不相同，同一个体出于不同年龄阶段，教育程度不同也存在差异。通常那些学习能力强、善于联想并掌握一定的记忆方法的人能较快掌握技能，并不易遗忘；年轻人，教育的记忆能力远强于老年人。

4.增进回忆

为了尽可能提取到所需要的信息，增进回忆，设计师应创造条件，提供适当的再认线索。研究表明，影响再认的主要因素有两个：放松和提供联想的线索。"放松"能从主观上保证人们自由的联想，这样增大了激活语义网的和率。提供适当的线索对于设计师更为重要，为了防止遗忘，设计师应提供某些方式，在用户需要的时候提示他们"这是什么"或者"应该如何"，并且这种提示不见得一定是直接的提醒，有时通过环境因素的暗示也是同样有效的。例如许多软件设计中都有这样一个设计，当用户的鼠标指向屏幕上的按键或菜单，就会出现一个提示，告诉用户这是什么，这是一种直接的检索线索；而那些不直接的线索就更多了，例如商场中到处布置的标志、标识，其实就是在提供一种间接的提示，既刺激消费者的购买需要，也是促使消费者回忆与该品牌相关的信息。

以上与记忆相关的学习策略和方法既为学习者提供了学习的方法，也为教授者提供了一些如何更好地培训学习者的法则。而对设计主体而言，则是建议他们如何利用记忆的原理和法则，设计或改进设计，提高用户学习、记忆的速度和效率，较为流畅地提取这些记忆，保持记忆，并在记忆出现偏差时能获得及时、适宜的帮助。

3.5 信息加工理论的应用：可用性设计

如第一章中介绍的那样，现代设计心理学最活跃的领域，是建立于认知心理学、实验心理学、人类学和软件工程学等基础学科上的"可用性工程"，在此基础上，以"可用性"原则指导设计，便称为"可用性设计"（Usability Design）。可用性设计是"以用户为中心"的设计（UCD），它是"可用性"理念在设计中的体现，也是可用性工程作为一整套工具与方法在设计中的运用，是设计艺术中"合理性"要素的集中体现。可用性设计是认知心理学和相关软件工程学原理在设计中的集中运用。

可用性设计的关键在于以普通心理学、认知心理学的基本原理为基础，按用户生理、心理（主要为信息加工过程）规律设计物品。这里可以将与"使用"相关的设计心理学原则归纳为八条。

1. 按照人的尺度设计

设计中应考虑到人的生理、心理上的尺度，生理上的尺度包括了人的各种身体尺寸、能力和信息加工处理能力；心理上的尺度是指人们对外界尺度的心理感受，受到情境和个体本人的需要、动机、情绪、个性、能力的影响。

比如狭窄的街道、小巧的空间使活动的人感觉温馨和亲切宜人；反之，巨大空间、宽广的街道、高楼大厦等大尺度空间使人感觉冷漠，丹麦学者扬·盖尔称前者为"步行城市的尺度"，后者为"汽车城市的尺度"[1]（图 3-45）。

图 3-45 步行城市和汽车城市的尺度。

2. 考虑人的极限

人的能力有限，视觉、听觉、触觉、嗅觉等感觉具有绝对阈限和差别阈限，超出阈限范围或未达到差别阈限的刺激无法为人所感觉；人的记忆能力有限，决定人的信息加工能力的短时记忆的容量仅为四五个组块（7 ± 2 信息量），长时记忆虽然容量无限，但每 8 秒才能存储一个组块，并且还可能失去提取线索。人的动作重复性低，稳定性差；人的操作受个性、情绪的影响极大，它们会导致人能力的剧烈变化；而且，人与人之间的差异巨大，能力差别使得极限的选定变得异常复杂。因此，设计必须区别出不同的适用人群，按照适宜的分布，尽可能充分地考虑人的身心的极限，避免超出目标用户有限的能力范围。

3. 形成自然匹配

如前文已详细论述的那样，设计应符合目标用户原有的心理模型（原型），具体包括：

1）研究用户操作流程，理解正确的用户概念模型，尽量使设计师的概念模型与用户的概念模型相对应。图 3-46 两张是设计专业的学生在一次课程设计中做的卫生间设计示意图，从节约空间的角度出发，将梳妆台、洗手盆、洗衣机、收纳柜等设施整合为一体，可是她并没有仔细考虑用户的使用模式，两次方案中，梳妆台分别对着浴盆和坐便器，也没有给用户留下梳妆的空间。

2）使设计符合人的操作逻辑。

3）利用标准化设计，增加用户对设计的熟悉度。

4）提供正确的语意说明，产品语意是指产品语言的含意，产品"语言"包含了一切形状、色彩、材料、质感、结构、音效、符号、文本说明等能提

1 [丹麦]扬·盖尔：《交往与空间》第四版，何人可译，中国建筑工业出版社，2002 年版，第 72、73 页。

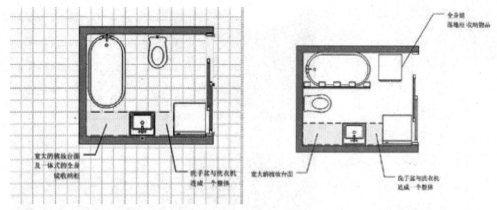

图 3-46　卫生间设计示意图。

供用户理解线索的要素，如 Krippendorff 所说，机器（产品）应提供正确的符号和象征，以适应人的视觉理解和操作过程。如图 3-47 所示，左侧柜子拉手的语意易使用户误解为抽屉拉手；右边设计的语意则显得较为明确。

5）提供一定的局限。"原型匹配说"和"特征说"都告诉我们，人从记忆中提取的经验、知识（操作程序、使用方式）不是唯一的，而是人们都是在有限的时间下作出的识别决策，因此不可能如计算机一般逐个尝试所有可能，为了保证快速作出最优决策，应提供一些约束条件使用户自然掌握物品的使用程序和方法。例如软盘和光盘的设计，前者只能按照正确的方向放入软驱内，而后者则可能被用户反放进光驱内，相比而言，前者提供局限的设计显然更好一些。对于一些误操作会带来危险或较大损失的产品，也常使用一些局限使用户错误的举动无法执行下去，如某些带高压的机箱，必须关闭电源开关后才能开盖，否则无法打开机盖。图 3-48 是一台专门为儿童设计的相机，图 B 所示的按键，本来是开启相机底片盒的，但是由于儿童心理最大的特点就是好奇强，自控能力较差，常有意或无意地打开相机底片盒，造成底片曝光，如果在这个相机设计中加入某些限制，增加打开底片盒的难度，就能避免此类错误的发生 [1]。

4. 易视性和及时反馈

易视性，是指与物品使用、性能相关的部件必须显而易见；反馈，指使用者的每个动作应该得到及时的、明显的回应。在第二章"阈限"的相关章节内，我们已经讨论过了"易视性"的相关要求，第一，存在说明和差异；第二，说明和差异的变化可见。其心理机制在于：首先，人的记忆并不可靠，人们依赖

1 案例来源：http://www.baddesigns.com

图 3-47 语意不明确的文件柜（左）以及意大利设计师安东里奥·齐代里奥、奥里福·劳文（右）所设计的抽屉柜。

图 3-48 儿童照相机设计。

于可感知（主要为可见的）的信息作出判断,因而,物品应提示用户必要的信息,重要操作必须不完全依赖于人的知识和经验便易为人们所知觉。比如不少设计师出于美学上考虑,将物品的某些部件隐藏起来,或者将某些具有提示作用的符号、部件、提示说明做的很小,从可用性的角度而言,是不合适的做法。图 3-49 左边的冰箱,面板上既没有把手,也没有任何隐藏柜门的提示,第一次使用的用户不得不仔细查找一番。第二,人的学习机制告诉我们,习得正确操作的关键之一是其行为结果应有相应的反馈,确保用户及时了解个人操作的后果,调整其操作,避免错误行为。比如手机、键盘等常常使用按键的产品很少采用 PVC 薄膜面板按键（也称为"轻触按键"）,因为这种按键不能以位移的方式提供人们输入的反馈,而只能以声音或亮灯的方式提供反馈,其效果不如触觉反馈那么直观迅速。

5. 容错性

人必犯错,与计算机相比,虽然人的信息加工处理具有高度灵活性,能应对变化的情境,但其加工过程不精确、不稳定,常常出现意外和变化,这时便出现了差错。差错可以分为两类,第一类是失误（slip）,是使用者的下意识的行为,是无意中出错的行为,例如收到一条短信息,想要去按"阅读"键,却按到"取消"阅读的按键；或者本想叫一位朋友的名字,却喊出了自己妻子

图 3-49 左侧冰箱没有任何开门的提示，易视性不佳。

的名字。第二类错误（mistake），是有意识的行为，是由于人对所从事的任务估计不周或是决策不利所造成的出错行为，例如由于方法选择不对造成的统计失误。著名的切尔诺核电站爆炸事件，就是由于操作人员对情况的错误判断造成的。差错和错误的差别在于行动目标设定的正确与否。其中，错误造成的后果可能很严重，但较易于通过作业前的周全准备可加以预防，而失误则是完全无法提前预计，多数情况下，它是由于人在信息加工过程（比如执行技能时）受到干扰而造成的。

　　差错既然无法完全避免，又可能对作业产生极大的影响，因此设计师在从"可用性"角度出发必须考虑差错应对。差错应对一般包括两个方面，一是在差错发生前加以避免；二是及时觉察差错并加以矫正，具体可归纳为：1）前述的"提供局限"，使错误的行为难以发生。2）提供明确说明。例如为了避免由于过多相似开关造成的识别方面的失误，可将开关根据不同的功能设计成不同的造型或者颜色，如图4-50微波炉的右侧面板，以不同颜色、尺寸以及符号代表不同功能的按键。3）提示可能出现的差错。例如软件具有通用的"差错应对"设计，即当你做某些操作时，它会提示你："确实要删除吗？""已存在这一文件，确定要覆盖吗？"并且一般删除文件首先被存储在"回收站"内，必要时使用者可以从"回收站"中找回文件；还有很多设备所具有"undo"操作，也是属于提示用户操作可能带来的差错的通用策略。4）失误发生后能使用户立刻察觉并且矫正。一个经典的例子就是美国的自动提款机，为了防止用户将卡忘在机器上，它会要求用户抽出卡来才能提取现金，这种应对方式也被称为"强迫性机能"（即人如果不做某个动作，下个动作就没办法执行）；

另外一种是"报警性机能"，例如有些汽车的设计，一旦用户将钥匙忘在上面，汽车能发出报警声。如图4-51中的设计——K2水壶，它也被称为"忘记吧"水壶，因为加入了一个自动控制开关，能让水在短时间内沸腾，并且壶把上的指示标尺能在切断电源后自动回弹并发出提示声。

图4-50 微波炉，使用不同颜色和图形提示不同按键的功能。

6. 易学性

学习是用户形成记忆的过程，通过记忆中的"组块"人们能不经思考、自动地按照一定程序工作，即技能的形成。前文已详细介绍了记忆的心理机制以及技能的训练方法，这里仅简单归纳为：形成记忆的方式通常有两种：第一，不断重复强化，并且每次重复后应获得可察觉的后果。第二，使学习内容能迅速与原有的知识结构（图式）发生联系，置入到原有的语义网中。可见，相似

图 4-51 [英]W.M.拉塞尔，K2水壶。

性可作为提高设计易学性的一种方式，即让产品的使用方式、流程与人们的预期或者原有知识体系对应起来。

从以上两个方面着手提高产品的易学性的具体做法包括：

1）减少认知负荷。利用多重通道（听觉、视觉、触觉等）来减小工作记忆的负荷，改进所学习信息的组织结构，尽可能提供用户以规则的、标准化的、系统化的、组织良好的、富有规律的信息。

2）模块化设计。

3）运用适当的训练方式。分解任务，将各项任务分别加以训练；并在学习和训练中不断提供给学习者适当反馈，提示他们掌握的程度，以及任务执行是否适宜；对于正确的任务执行提供一定的鼓励或正面信息，而对于不正确的信息及时提供指导性建议。

4）增加向导，减少学习。这是"易学性"原则中的核心，即不要依赖于用户记忆和其习得的技能，而应保证他们随时可以获得的必要的帮助、指导，无须过多学习或形成某种技能。用户使用产品中基本可以按照系统的提示直接

进行产品的控制和操作，这一点对于那些功能复杂、层次过多的系统尤为重要。比如网页可用性设计中要求设计者需要将所有界面信息"文本化"，因为图标虽然直观、简洁、美观，但是并非任何人（特别是没能形成相关图式的初级用户）都能明确理解这些符号语言的意义。在用户界面设计中，较为常见的还有人性化的"系统助手"，它是一个智能化的组块，能如同助手般在用户遗忘使用方式时提供帮助。

7. 简化性

从使用角度而言，应简化物品外观和使用程序，降低不必要的加工消耗，并且减少错误判断。如图 4–52 贝里内为 Authentics 公司设计的 VC 计算器，通过功能简化提高产品的可用性。这台计算器平面和按键都比较大，而不是追赶时尚地将它尽可能微型化处理，这样做可以方便使用，减少按键的差错。此外，设计师从目标用户的实际需要出发，将它定位为一个日常使用的计算器，而非专业仪器，剔除了那些不必要而复杂的数学功能。

然而，现代产品功能越来越复杂，在此前提下，以设计简化操作的方式归纳如下：

1）将一些使用较少的功能隐蔽或放在不显眼的位置，突出必要的和最常用的功能（如图 4–53）。

2）整合多项功能，形成功能组。如图 4–54 中 IDEO 公司设计师深泽直人设计，曾获得 IF 大奖的 CD 播放器将所有控制任务组合、简化为一个拉灯的动作，操作达到最简又带有复古的意味。再比如一些音乐播放器（软件），如果要求一般用户自形设置混音、声道、平衡等播放参数会增加用户操作的难度，因此系统直接提供"轻音乐"、"流行歌曲"、"交响乐"等通俗易懂的设置组，简化了设置。

3）采用系统化、模块化设计的方式，将产品（界面）的多重功能进行分类，采用标准操作模式以简化学习过程，防止操作指令变化过多而导致的容易遗忘。

8. 兼容性、灵活性与可调节设计

对于用户使用行为、流程的分析虽然越细越好，但针对他们所做的设计并非越细越好，因为用户不

图 4–52 ［英］塞巴斯蒂安·贝里内 (Sebasitian Bergn)，VC 计算器。

图 4-53 左：Danger Rcscarch 公司，Hiptop PDA 手机，右：Robert Brunner 为 Diba 设计的网络电话，使用较少的功能隐蔽起来或放在不显眼位置的设计。

图 4-54 ［美］IDEO 公司设计师深泽直人设计的 CD 播放机。

是单一个体，而是一群人，相互之间存在一定差异性；其次，用户也并不总是严格按照设计师预设的行为模式来学习和使用物品，因此有时设计具有一定兼容性，或灵活可调节性，满足用户行为的多样性需要。

兼容性是指设备或软件具有在超过一个硬件平台或操作系统中使用的能力，兼容性一方面对于那些针对"大市场"的设备或软件格外重要，例如可跨平台使用的软件；另一方面还是衡量那些非终端产品的组件的可用性的重要指标。提高产品的兼容性的条件是：1）产品本身或使用流程的约束条件较宽松。例如图 4-55 中左右手都能方便使用的剪刀。2）无须要过多的配合条件或条件限制。比如 Flash 刚问世的时候，IE 等多家网络浏览软件都还不能兼容这一格式的动画，所以许多用户都无法正常浏览包含 Flash 动画的网页，出于兼容性的考虑，那时则应避免在网页设计中使用 Flash 动画。Flash 为了应对兼容性的问题，自身带有了下载插件的设置，并提供用户直接带有播放程序的动画格式，最终它凭借文件小、播放流畅等突出优点逐渐成为了最通用的网络动画格式。

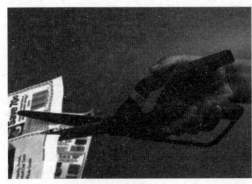
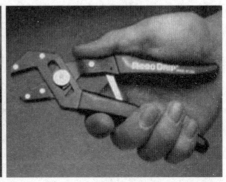

图 4-55 左右手都能方便使用的剪刀。

图 4-56 兼容性设计，［美］阿莱克斯·贝利，万用钳子。

105

灵活性、可调节性是指设备或软件可以改变约束条件以适应用户不同的需要，如图 4-56 中的钳子，其钳口大小可根据操作的对象不同而随意调节，再如，软件设计应允许客户随时跳过某些步骤进入其他功能步骤，而无须按照既定的程序依次操作。

一、复习要点及主要概念

认知心理学　物理符号系统　自上而下的加工与自下而上的加工　模板匹配模式与原型说特征分析模式　记忆　记忆泛化　原型　图式　回忆　重学节省　正负迁移　短时记忆　长时记忆　感觉记忆　双重编码说　情景记忆和语义记忆　陈述性记忆和程序性记忆　自然匹配　错误和失误　兼容性

二、问题与讨论

1. 结合你所学的设计门类，谈谈如何通过设计提升观众的注意力。
2. 描述记忆信息加工的三级模式，并绘制模式图。
3. 简要阐述增进记忆的方式和策略。
4. 寻找两项可用性存在缺陷的设计，结合设计实践，思考如何提高设计的可用性。

三、推荐书目

[美]司马贺（赫伯特·A. 西蒙）:《人类的认知：思维的信息加工理论》，荆其诚、张厚粲译，科学出版社，1986 年版。

王甦、汪安圣:《认知心理学》，北京大学出版社，1992 年版。

[美]C. D. 威肯斯、J. G. 霍兰兹:《工程心理学与人的作业》，朱祖祥、葛列仲等译，华东师范大学出版社，2003 年版。

[美] Jakob Nielsen :《可用性工程》，刘正捷等译，机械工业出版社，2004 年版。

[美]珍妮弗·普里斯、伊冯娜·罗歇、海伦·夏普:《交互设计》，刘晓晖、张景等译，电子工业出版社，2003 年版。

[美]Marks s. Sanders、Ernest J. McCormick:《工程和设计中的人因学》(影印本)，清华大学出版社，2002 年版。

第四章
Chapter 4

设计情感

情绪是一般能量的心理方面，因而，它必定始终存在。情绪是沟通我们与世界的桥梁，它把我们带进与世界不可分割的相互作用之中。

——[美]斯托曼：《情绪心理学》，第 201 页。

4.1 情绪和情感的界定

情绪（Emotion）是人对客观事物的态度的体验。美国心理学家伊扎德（C. Izard）认为情绪应包括生理基础、表情行为和主观体验三个方面。情绪独立于认知、意动等心理过程，影响着人的心理活动的个体方面。由于它反应了人们对事物的心理体验，对设计而言，它至关重要，设计的优劣既反映其功能的实现和效率高低，也来自设计的文化定位、符号意义或者美感（实际上，美感便是一种综合性的情感体验），但归根结底，它反映为设计用户和观众的综合性体验，这就是情绪或情感。

就脑的活动而言，情感（Feelings）和情绪是同一物质过程的心理形式，是同一事件的两个侧面或两个着眼点，因此，有些心理学家并不严格区分情感和情绪。但要细分两者，则心理学家们认为情感着重于表明情绪过程的主观体验，即感受，情绪则着重于情感过程的外部表现以及其可测量的方面，因而认知心理学家们更多使用"情绪"一词。

第二，情感是判断系统的普遍术语，情绪是情感的意识体验，具有具体

107

的对象和原因。比如对祖国、家乡怀有深刻的情感，这种情感是一种温暖的、依恋的、复杂的、难以言表的感觉，而因为等车时间太长您产生的焦躁不安的感觉便是情绪。

第三，情绪和机体的生理需要相联系，是一种先天、本能的反映，比如饥渴时的焦虑感觉或看到新奇事物时的兴奋感；另一方面又是机体在社会环境中，特别是人际交往中发展形成的，具有很强的社会性，例如看到违背道德的事件时的愤怒感，或看到朋友遭遇不幸时的痛苦感。但在描述人的主观体验，特别是高级社会性情感时使用情感概念，对动物则很少使用它（图4-1）。

图4-1 人类具有类似动物的、与生俱来的基本情感。

4.2 设计的情绪表达

4.2.1 情绪的作用

情绪是人类心理活动中一种多功能、多属性、多成分的复杂现象，心理学家认为对任何一种情绪都难以从某一单一侧面或行为认识测量它。目前心理学家较为公认的情绪的基本作用和属性包括：

1. 适应作用。人类最初为了生存而发展出的"感情性"反应，即斗争、追逐逃跑、哺育和性这些本能反应是后来发展为怒、怕、爱等基本情绪的雏形，因此，情绪的产生是人类适应外界环境、求得生存的产物和手段。具体而言，愤怒帮助先民在追捕和搏斗中战胜对手；兴奋和好奇使他们认识和探索环境；恐惧和震惊的情绪使他们集中注意力，躲避危险，发现猎物，现代人类具有的多种单一和复合情绪都有不同的适应作用。

2. 驱动作用。人的生理需要会产生某种内驱力，而内驱力的信号通过情绪——这一心理

图4-2 1960年伊利诺·吉布森和理查德·沃克所做的经典"视崖实验"。

1 实验中有过爬行经验的婴儿会离开玻璃板下伸的一端，证明恐惧的情绪是人的本能，是作为一种生物的人的自我保护机制。

功能得到放大（如图 4-2 经典的视崖实验）。比如人干渴的时候，这种生理需要为机体提供了信号，产生内驱力，并伴随产生情感性过程——即一种渴的急迫感和恐慌感的情绪，驱动人们去找水，此时感觉口渴并不会立即导致机体衰竭，但口渴产生的情绪却使人难忍而积极找水。因此，情绪（感情）比生理节律更加灵活和易于被激发起来，它可以不受时间、地点的严格限制，换句话说，按照人的生理节奏，人体应以固定的周期补充水分，但按照人的情感性反应，人对水（饮料）的需要却不见得总与生理节律相一致。这一点也解释了情感设计的核心，即通过人们的某种单一或复合的情感性反应，放大人们的某种内在需要，甚至是潜在需要，从而调动能量，采取或积极或消极的行为。

这是设计商业价值产生的基本立足点。马斯洛的"需要层次"理论告诉我们，人具有从低到高的不同层次的需要，其中基本需要是生理需要和安全需要，它们是最强烈、最迫切的需要；但是人不同于动物的，却是超出于基本需要的需要，例如社会归属、需要、审美、爱和被爱，以及自我实现的需要。商品社会中商品是过剩的，它们远超出用户的基本需要，如何发掘驱使人们认识到新的需要，驱使其购买消费，"情绪驱动"是其中的重要环节，也是商家需要设计的核心目的。图 4-3 是一种低脂奶油广告，人物夸张的体形以及与旁边服装的尺码的反差放大了观众惧怕"发胖"的焦虑情绪，驱使他们选择低脂产品。

设计物的造型虽然不像广告图像驱动企图那么明确，但其中不乏通过优美和独特的造型、装饰体现其超出对手的品质，使用户产生愉悦感（爱不释手），从而购买这一商品。并且，促销过程中，商家们会提出让用户试用、试驾，其目的也是令用户体验到无法仅从外观获得的安全、可靠、舒适、高效等性能上的体验，使其产生正面的情感和态度，从而放大其购买意愿和消费需要。

3. 组织作用。情绪是独立于知觉和意志的一种独立的心理过程，它有时是有意识的，即经过辨别判断后产生的；也有潜意识的，并且多数是潜意识的，即在人们能意识到之前便已产生的，如同人闻到香味时本能地深吸一口气。因此，情绪除了能调节人的意动，还能影响和调节认知过程，即情绪对认知加工的组织作用。心理学者

图 4-3 低脂奶油广告，文案：新型低脂烹饪奶油 15%

认为情绪和情感是一种侦察或判断机构，它所构成的一时心理状态或者恒常心理状态，都能影响知觉对信息的选择、监视信息的流动，促进或阻止工作记忆，干涉问题推理和决策，从而驾驭行为。比如，我们感到心情良好时思维更加敏捷，解决问题的灵活性和速度都有所提高；而突如其来的强烈情绪（如恐惧）能使我们瞬时集中注意力，中断其他思维加工活动，专注于某一对象，甚至不断重复错误的行为；而当心情郁闷的时候，则思维阻塞，行为迟缓，这就是情绪、情感对认知和行为的组织作用。

4. 通讯作用。情绪的最后一项作用即通讯交流的职能。情绪通过外显形式，如面部表情、身体姿态、言语的声调传递着人们的情感。并且，人们相互传递的情感形成了弥漫于外界环境中的整体氛围，例如竞技赛场中每个个体兴奋、激昂的情绪相互感染，使整个环境周围形成热烈、激动的氛围；图书馆中的读者都宁静、平和，这种情绪相互感染形成了整个环境宁静的氛围。

4.2.2 情绪的维度

不同的情绪能对人的信息加工处理（知觉和记忆）起到不同的作用。为了区别不同的情绪，美国心理学家施洛伯格（H. Schlosberg，1954 年）曾提出一种描述情绪的三维度量表，这三个独立维度分别为：快乐—不快乐；注意—拒绝；唤醒—不唤醒（"唤醒水平"或"激活水平"）。他的研究表明：人们较为容易沿快乐—不快乐维度区分各种情绪，并且这一维度的变化幅度较大；而注意—拒绝维度更多受人格特征影响，相对比较稳定。唤醒（arousal level）程度也称为激活程度，它决定了情绪的强度，这三个维度的不同组合形成了不同的情绪体验（图 4-4）。

各种不同的情绪反映了人们对客观事物的态度和体验，它应作为我们评价设计品质和价值的基本依据。低愉快度、低唤醒度和高拒绝度使人感觉厌恶；低愉快度、高唤醒度和高注意度则可能产生焦虑；高愉快度、高唤醒度和高注意度使人兴奋；高愉快度、低唤醒度使人平静安宁。1984 年环境心理学家拉塞尔和拉尼厄斯（Russel&Lanius）曾按照愉快维度和唤醒维度描述人们在不同场所中的情绪，其研究结果如图 4-5 表格所示。我们将这一研究方法运用于对设计的情绪体验分析中，通过愉快—不愉

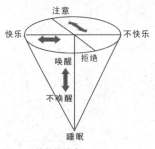

图 4-4 情绪的维度
（H. 施洛伯格，1954 年）

快和唤醒—不唤醒两个维度检验用户对不同汽车造型的体验[1]。数据统计后结果如图 4-6-1 所示，上面的点代表所用来测试的所有汽车造型，这些点分布在一个 x 坐标为愉快—不愉快，y 坐标为振奋—抑郁的坐标轴内，我们再将汽车造型重新放入坐标内，如图 4-6-2 所示，可以推出以下结论：

首先，研究使我们验证了情绪体验评价造型的有效性，从最终图谱中发现风格相似的汽车造型分布位置接近，可见被试对其情绪体验接近，也就是说，在一定时期[2]的同质人群[3]对相似形式产生的情绪体验相近。

其次，从图中还发现观众体验的"愉悦感"和"兴奋感"相关联。这一发现不像我们最初预测的那样，使人们感觉愉悦的造型同样可以伴随着较高唤醒度或较低唤醒度，感觉不愉悦的造型也可能伴随高唤醒度或低唤醒度，而是那些能带来愉悦感的造型往往也具有较高的兴奋度，而感觉不够愉悦的造型也较倾向于较低的兴奋感。这也许与汽车作为一种高速运动的交通工具的产品属性相关，使人感觉愉悦的产品往往伴随着"高速奔驰"的体验。

第三，产品造型的"新颖感"是影响唤醒度的重要因素，体现为概念车或造型差异性较大的车型（例如赛车）更易于使人感觉兴奋。

另一方面，不同的情绪还对人的行为能产生不同的影响。认知心理学中的耶克斯—道德逊曲线揭示了情绪的不同唤醒水平对人的手工操作的效果呈现一个倒"U"形曲线（图 4-8）。

1 研究方法和实验过程参见本章附件中的实验过程和数据。
2 即相似的社会文化条件下。
3 即被试者具有类似的年龄、教育程度和文化背景。

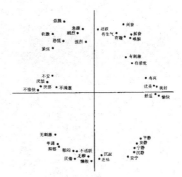

图 4-5 拉塞尔和拉尼厄斯（Russel&Lanius）对人们在不同场所中的情绪描述。

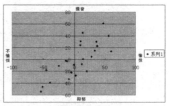

图   4-6-1

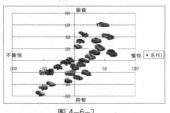

图 4-6-2

图 4-6 x 轴为愉悦—不愉悦，y 轴为振奋—抑郁的坐标系。

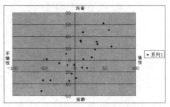

图 4-7-1

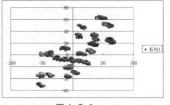

图 4-7-2

图 4-7 x 轴为愉悦—不愉悦，y 轴为兴奋—安静坐标系（对应检验上一表中结果）。

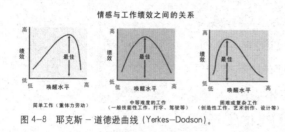

图 4-8 耶克斯-道德逊曲线 (Yerkes-Dodson)。

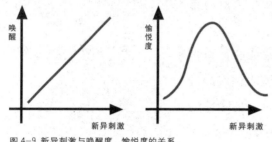

图 4-9 新异刺激与唤醒度、愉悦度的关系。

北京大学的学者们通过实验对此加以验证，他们证明：

1. 中等愉快水平比过高或过低的情绪状态更易于使问题求解工作达到最优效果。

2. 兴趣和愉快为智力操作提供了最佳的情绪背景。

3. 惧怕和兴趣都在新异刺激作用下发生，但兴趣是刺激新异刺激的动力，惧怕是破坏性最大的情绪，刺激引起个体的是兴趣、惊奇、惧怕，以及兴趣和惧怕之间的流动程度和倾向，依赖于刺激新异程度的大小和个体之间的差异性。

4. 痛苦情绪因其压抑效应对智力起到干扰延缓慢的作用。

5. 愤怒也是一种负面情绪，但它释放后能起到比痛苦更好的操作效果，然而，如果愤怒不能释放，则和其他负面情绪一样对操作起到负性作用[1]。

除了以上各类情绪对个体认知和行为的组织作用，近期的研究还证明：人们在正面情绪下比负面情绪下更容易接受言语指导，更容易做帮助别人的事情，对人态度更友善，与人交往更主动，探索事物更积极，容忍挫折的能力更强；成年人在某种情绪状态下易于回忆起情绪性质与之相同的过去事件。

以上各类情绪能对人的认知和行为起到不同作用，可以成为设计师进行"情感设计"的基本依据，即我们如何通过设计使人们产生某种情绪体验，从而服务于最终的目的性。基本原则如下：

1. 对于着重于实用功能的产品或环境，应使之带给人们"中等强度"的正面情绪体验，它们应使人感觉轻松而愉悦。

这一原则基于心理学家的以下研究，如图 4-9 显示：人们的唤醒度与新异刺激呈正比，新异刺激越强，则唤醒度越高；而愉悦感与新异刺激的关系类似耶克斯—道德逊曲线，呈倒 U 形曲线分布[2]，一定范围内，新异刺激越强，

---

1 北京大学心理学系编著，《当代西方心理学评述》，辽宁人民出版社，1991 年版，第 178 页。
2 参见美学家伯莱恩对环境的不定性和愉悦性的判断研究。林玉莲：《环境心理学》，中国建筑工业出版社，2000 年版，第 66 页。伯莱恩的观点在绘画和音乐领域中得到了验证，而在环境设计方面只得到了部分验证，学者沃尔威尔（Wohlwill）对复杂人工环境的研究便没有得到这种 U 形曲线，反而发现实验被试随新奇性增加，对环境的偏爱性增加。这一点主要受到了环境性质以及和谐程度的影响，比如复杂的自然环境却依然和谐，从而使人感觉愉悦，由此可见环境的不同性质将影响到人们对新异程度的感知。

愉悦感上升；超出范围的过强新意刺激会引起愉悦度下降。因此对于多数需要长期持有和使用的物品，其所携带的新异刺激不应过度。

那么如何控制设计的新异刺激呢？这里提及的新异刺激包括了对象的复杂程度、新奇程度、不和谐程度三个方面：

复杂程度：即对象的要素的数量和包含的信息量；

新奇程度：即对象陌生程度和超出常规的程度；

不和谐程度：即对象与周围环境的差异程度。

图 4-10 奥哈尔国际机场第 5 国际航班大厅。

因此，我们可以将使人们体验适度正面情绪的设计的基本特征归纳为（图 4-10、4-11）：

造型整体而较简洁；

对称、均衡的形体；

要素、部件明确、一目了然；

要素排列与分布规律而有秩序，变化富有节奏；

一致调和的色彩体系；

一定的熟悉度，即看起来并不完全陌生。

2. 对于既注重实用功能，但实用功能并非用户唯一重视的因素的产品或环境，例如消费类电子产

图 4-11 芬兰现代设计 转椅

品、家具、灯具、家用电器等产品，娱乐场所或展会，一方面突出一些具有较强的新异刺激的部分达到唤醒观众的目的作用；另一方面，除了那些以刺激观众为目的的特异之处外，整体设计仍应遵守适度正面情绪的原则。在此类设计中，新异刺激的强度范围虽然可以适当放宽，但整体效果仍不可过度，比如图 4-12 中是荷兰著名设计组织 Droog 公司的两款价格同样昂贵的限量版设计，虽然都出于设计师的奇思妙想，但右图中的椅子销售情况较好，左图的情况不佳[1]，究其根源，还是在于左图的设计新异刺激过强，经过较长时间后也无法使用户产生放松的正面情绪，而长时间的新奇、刺激则会使人们感觉疲劳，厌倦，也就是"怎么看也看不顺眼"的情绪。

即便是较注重"体验"和"趣味"的设计对象，过度的新异刺激也意味着"冒险"，很可能出现吸引人而销售不好情况。图 4-13 中意大利设计师罗

1 两款椅子的销售情况信息来自"人文触觉"荷兰 Droog 大师设计展开幕式上 Renny Ramakers 的介绍，其中"椅子变成书架"的设计。

113

图 4-12　Droog 设计
[荷兰] 乌尔登 · 巴斯设计的 "椅子变成书架"
和 Joris Laarman 设计的椅子。

图 4-14　造型特别、不对称的多普达电视手机。

图 4-13　[意大利] 罗伯托·佩泽塔
1996 年 Zoe 洗衣机和 1987 年后现代主义风格黑色 "金字
塔" 冰箱（获得 1987 年 "金圆规奖" 和 1988 年 Lublijana
金奖）。

图 4-15　过山车和蹦极，高度紧张后的放松能带给人们
兴奋、愉悦的情绪，同时完成冒险之后的成就感也能给
人们带来快乐的情绪。

伯托 · 佩泽塔设计的 Zoe 洗衣机和黑色 "金字塔" 冰箱，打破了 "白色家电" 一贯理性、效率感的造型特征，鲜艳的色彩，带有符号意味的造型博得了设计业界的一致好评，但冰箱由于与家具环境差异过大，难以协调而销量极差。图 4-14 中的多普达电视手机，古怪的造型打破了现代消费电子产品简洁、对称、轻薄的造型特征，具有较多新异刺激，虽然也能吸引人们的注意力，但并不一定能使人产生愉悦的情绪，选择和长期持有这一产品，其结果也只能是昙花一现。

3. 对于无过多实用功能，以交流、宣传、传递信息和理念，或提供不同体验为主要目的的环境、产品或其他设计，则应该根据不同的目的性加以区别对待。过量的新异刺激往往能提高个体的唤醒度（注意力），伴随着兴奋、好奇等正面情绪和惧怕、逃避等负面情绪，心理学研究表明，快乐常为紧张后的放松情绪，因此，越强烈的刺激（紧张）后产生的放松也就能使人的快乐体验越强烈，这就是各种以冒险核心的游戏（行为）吸引人的根源（如图 4-15 中的过山车和蹦极）。不同个体对此的承受能力不同，体验也存在差异，对一般青壮年人而言，得知最终无负面后果的新异刺激能放大其兴奋、好奇的正面情绪。

4. 由于成年人在某种情绪状态下易于回忆起情绪性质与之相同的过去事件，因此通过同类情绪体验的重演，可以唤起其相应的情绪体验。比如在愉悦的情绪下，人们更容易回忆起其他愉悦的经验；而在痛苦的情绪下，则更容易回忆起其他同类的痛苦经验。如某些广告通过展现一些痛苦的场景，人们的遭遇，可以使观众产生类似的情绪体验，从而达到传递诉求理念的作用。

4.3 设计情感

设计情感特指与人造物的设计相关的人类情感体验，它包含了一切人与物交互过程中因人造物的设计而带来的情感体验。

4.3.1 设计情感的特殊性

首先，设计是实用的艺术，是艺术的设计，使用性和目的性是它的本质属性，欣赏或鉴赏并非设计物存在的首要价值，因此，设计的情感体验不像纯艺术作品常常首先是艺术家本人情感表达，欣赏者通过艺术作品体验到与艺术家类似的情感。设计的情感体验则是与该设计的目的性相关，不在于它是否能表达和传递设计师本人的情感，而体现的是设计师对人们（特别是目标用户）对于设计结果所能产生情感体验的理解和预期，以及设计师是否在设计中选择了适当"情感符号"形式。例如，一件昂贵的家具，如果其造型使人产生的情感却是亲切而朴实，这可能就不大适合了；而面向青年人的设计却使人产生平静、稳重、庄严的情感体验，显然也是不适宜的表达。

第二，设计情感不仅取决于"用"的结果，还与过程密切相关，使用情境对设计的情感具有重要作用，特别是那些与人能发生直接交互行为的设计（产品、环境等）。设计中的情感是一种综合性、交互性的情感体验，很大程度来自交互情境中人—物—环境之间的相互作用，我们可以称之为人与物互动中的情感体验。它具有动态、随机、情境性的特点。它是设计艺术中的情感的重要部分，人们通过直接与物之间的交互作用感受到物的特质和属性，并产生相应的情感体验，而这些情感体验还能反过来影响人与物之间的交互行为。例如使人愉悦的环境促使人更愿意栖息其中，令人正面情感体验的产品更易于使用。图 4-16 为摩托罗拉公司推出的一款较受消费者欢迎的产品——V70 手机，从

图 4-16　摩托罗拉公司 V70 手机。

图 4-17　道德感是人们从道德原则以及社会所制定的道德范畴出发来认识客观现实的各种现象时所体验到的情感，图中使用日本军旗为素材的服饰[1]，却忽视了中国人民的道德感，从而导致失败。

使用功能上看，它并无任何突出之处，它的特点在于翻盖方式从简单的"翻开"变为了转一圈，虽然"转一圈"对于产品的可用性没有任何显著的益处，但是却提供了一种新的、接近娱乐的使用方式。

第三，设计艺术中的情感具有多层次性，它既包含了那些直接通过感知引起人们生理变化，从而导致人们产生的情绪——感性的情感；也包含那些通过与更深刻的社会意义相联系，而产生的更高层次的情感——理性的情感，例如审美感、道德感（图 4-17）、理智感等。多层次的情感体验，提供了设计师进行情感设计时创意的多种可能，他们可以根据设计对象的功能、属性、档次，以及目标用户的特征、偏好等因素进行有针对性的设计。例如针对孩子可以以激发基本情绪，如愉悦、好奇等为主，对于女性，可以以激发审美情感、自我表现的情感为主，而对于那些知识层次较高的人士，可以以激发理智感的情感体验为主。

最后，设计艺术中的情感具有多样性的特点。既然艺术设计唤起的人类情感并非为了单纯的审美体验，而是为一定的目的性服务的，那么由于其复杂的目的性，其可能激发不同类型、层面的情感体验，不仅是审美带来的愉悦感，还有许多其他的类型的情感，例如公益广告的设计有时使用触目惊心的图像激发人恐惧的情绪，以达到警世的目的。产品设计也有类似的设计，比如某些产品遇到紧急情况时发出刺耳的音乐或醒目的信号，以激发人的紧张情绪，防止事故的发生。

4.3.2 设计情感的层次性

设计情感是复杂的、综合的、交互性的情感体验，存在来自生理和心理

1　图片来源:《时装》杂志 2001 年第 9 期。

上的多种体验。认知心理学家唐纳德·诺曼在《情感化设计》一书中将人们对物品的情感体验根据大脑活动水平的高低划分为三类，分别为[1]：

表 4-1　人对物体的三种情感

情感层次	认知水平	对应产品特点
本能水平的情感	自动的预先设置层	外形
行为水平的情感	支配日常行为的脑活动	产品的使用乐趣和效率
反思水平的情感	思考的活动	用户的自我形象、个人满意、记忆

作为一位心理学家，诺曼的划分为我们了解设计情感的多样性开启了方向，但他的思考也存在一些值得探讨的地方。比如，诺曼认为本能水平的情感处于意识之前，未经用户的思维参与而自动产生，因此，他认为主要是对应物品的外观，但是我们联想到那些以一定符号、意味、文化背景打动观众的设计作品，又怎能单纯地将外形对应于不需思维参与本能水平的情感上。同样，诺曼认为，行为水平的情感对应于产品使用时的感受，包括了使用的可用性、效率、性能等，但它同样也是无意识参与的情感。然而难道我们发现有时产品使用的乐趣也可能来自使用者因行为获得尊重和认同的体验（例如庖丁解牛的庖丁，演奏钢琴的音乐家），这便等同于诺曼所说的第三层次，"个人满意"和"自我形象"的情感体验。

因此，在诺曼划分的基础上，我们进一步将其描述为感官、效能和理解。其中感官主要是"本能水平"上的情感体验，但并不仅对应于"设计的外形"，它包括一切通过感官刺激的方式激发个体情感（情绪）体验的设计；其次，"效能"层面只涉及"效率"、"有效性"等实用要素，而不过多涉及其他"使用的乐趣"；而所谓"将使用产品作为游戏的乐趣"则被归为第三个层面，需要用户思维参与的层面，即"理解层面"。

1. 感官层面

感官层面的情感是人与物交互时，本能的、直接的、因感觉（视觉、听觉、触觉、味觉、嗅觉和动觉等）体验的情感。在这个层次上，人接受外界的刺激，直接根据生物的本能作出回应，例如所谓的望梅止渴、令人作呕等。虽然在这个层面上所激发的情感多属于较为低级的情感，但却是最为直接、并且最难以抗拒的。这些设计的情感激发常最为直观，效果也最为明显，易于被一般大众所理解和接受，常见的包括：

形色刺激：设计中直接利用新奇的形状和色彩，以及它们的夸张、对比、

---

1 [美]唐纳德·A.诺曼：《情感化设计》，电子工业出版社，2005 年版，第 5 页。

变形、超写实的形式来吸引人的注意。

情色刺激：设计将产品的特质或性能与性暗示混合在一起，吸引人的注意，并产生愉悦感。

恐怖刺激：通过激发人的恐怖感而达到特定目的的设计。

悲情刺激：通过呈现他人的不幸和遭遇，以激发人的同情心为目的的情感激发方式。

表 4-2 感官层面的情感体验

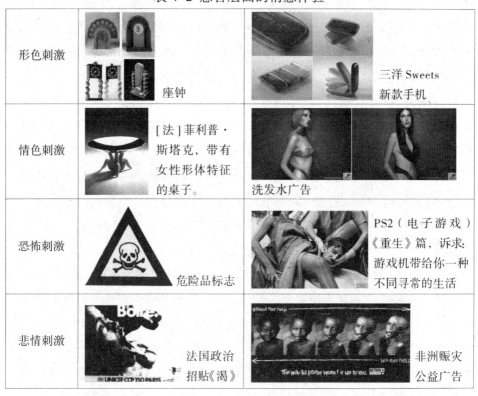

形色刺激		座钟		三洋 Sweets 新款手机
情色刺激		[法]菲利普·斯塔克，带有女性形体特征的桌子。		洗发水广告
恐怖刺激		危险品标志		PS2（电子游戏）《重生》篇，诉求：游戏机带给你一种不同寻常的生活
悲情刺激		法国政治招贴《渴》		非洲赈灾公益广告

2. 效能层面

这一层面上的设计情感来自人们在对物的使用中所感知和体验到的"用"的效能，即物品的可用性[1]带给人们的情感体验，效能层面的情感的核心在于人对物的控制和驾驭，但在不同阶段，人们的体验并不相同。

效能所带来的情感，首先体现于高效率带给人们的愉悦感，这种效能层面的互动情感也并非稀罕物，而是古已有之，《庄子》中的锻钩之匠、游刃有余的庖丁，他们都在熟练从事技能性行为中获得了自由的乐趣，并且这种情感同时与其作业时使用的工具产生了同化作用，好用、称手的工具本身也是这种效

1　"可用性"是指产品在特定使用环境下为特定用户用于特定用途时所具有的有效性（effectiveness）、效率（efficiency）和用户主观满意度（satisfaction）。

能情感体验的重要组成部分，比如古代的士兵会将刀剑看做自己的第二生命，在他们看来，这些工具不仅是具有高度可用性的器物，同时也是体现他们效率和能力的必要中介，器物与他们自身的技能合而为一，使他们充分体验到"效能"带来的满足感。

自工业革命以来，高科技的机器使人不再直接凭借自身技能去获得效能的情感，而对于机器自身效率的感知与情感体验成为使用中"效能"层面情感的主要方面。各类设计一方面通过其可用性实现的程度来表示合目的性；另一方面，以诸如柯布西埃、米斯等人为先驱，形成了一类以表现"工具理性"为特点的设计风格，它反对一切装饰，甚至包括色彩，认为设计艺术的情感应来自合理性、标准、几何与规范，正如法国著名设计师勒·柯布西埃在《走向新建筑》中所说："依靠计算来工作的工程师使用几何的形式，他们用几何满足我们的眼，用数学满足我们的心；他们的作品正走在通向伟大艺术的道路上。"此类设计仅从外观上便能使人获得"效率感"和"合目的性"的情感体验，并逐渐发展成为所谓的"技术美学"——这一美学标准成为现代评价产品造型的最重要的美学标准之一（图4-18）。除了产品设计之外，其他设计艺术也可能采用同样的设计方法，例如广告设计中利用理性诉求，通过严谨、准确、不带夸张成分的视觉语言，彰显商品自身的品质。

现代生产的自动程度日趋提高，机器（包括以信息技术为核心的数码产品）虽然很大程度上解放了人的劳力，但同时也导致了高强度的脑力劳动和对物理世界的失去控制的无力感。人们在工作中承受过多、过大的压力，这常常导致情绪低落、消极焦虑——高效能不再是能使人们感到愉悦的情感体验，人们在日常生活中更加期望适当地降低节奏，回归原始状态，某些情况下手工工具的使用，再次成为了人们的情感的需要。效能的体验一方面仍然反映于科技物能更加迅速、简便地帮助人们实现功能性需要，而另一方面则在于通过人与物之间直接的互动帮助，人们宣泄平日由于过度密集的脑力劳动，以及相伴的心理压力所带来的疲劳感。例如2004年，笔者曾经对于高度智能化的网络家电产

图4-18 体现效能和理性的设计：电动工具和尼康专业数码相机。

119

图4-19　卓别林电影《摩登时代》剧照。

品在中国市场的可行性进行详细的用户心理调研。当询问被访谈者是否愿意使用便携控制器来控制家中的全部窗帘开关的时候，多数被访谈者认为没有必要。他们认为虽然这样能提高家居生活的舒适度，但是亲自拉开窗帘，看到外面的风景一点点映入眼帘，这会带给他们一种别样的情绪，使人舒适而放松，远比按个按钮就完成全部操作来的有趣得多，效能的情感体验在某种程度上转变为一种人与物重新直接互动产生的实在感和真实性。

另一方面，物品随着科技发展越来越复杂，导致许多现代产品不能自然而然地被人们所使用，或者说物被"异化"，即人造物走向了人的对立面，有时，控制和有效使用物品并不容易，"能使用物品"反倒成为了一种难得的技能。这时，人们对物品使用方式的掌握带有了征服难题的意味，如果想象一下那些刚刚学会驾驶汽车的新手心满意足的情绪，或者人们无法有效控制使用复杂的智能机器时体验的沮丧，我们就不能体会凭借征服"物"而可能获得的愉悦感了。

"流水线"使人们类似于机械上的"螺钉"，此时高效的工具还能使工人产生愉悦感吗？

最后，效能的感觉也并非一个绝对的概念，它具有极大的灵活度，这种灵活度很大程度上来自使用者的自身的状态以及它与产品之间的交互性实现的程度。也许某些产品看上去非常好用，但事实上，并非如此，例如那些高速飞转的流水线，它或许是高效率的，其生产能力或许是令人满意的，但对于使用者而言，则不一定如此（图4-19）。并且人的需要有时非常模糊、含糊，他们所能提出的需要远少于他们事实上可能的需要，他们所能意识到的需要也可能并非他们真正最为迫切的需要，因此，可用性也总是并非那么绝对，有时在某个功能上可用性不佳的产品也许由于其他方面的优势能成为广受青睐的产品。

3. 理解层面

在这个层面上，设计的物、环境、符号带给人的情感体验来自人们的高级思维活动，是人通过对设计物上所富含的信息、内容和意味的理解与体会（特

别是新的获得）而产生的情感。这一层面
的情感可以分为：

1）自我形象的表达

社会学、人类学理论认为，人对物的
消费本身就包含着所谓的符号性消费，即
通过所拥有的物作为象征的符号。作为符
号和象征的物，能传递消费者的身份、地
位、个性、喜好、价值观和生活方式。比
如手机原本价值在于通话，但我们能通过
一个人所使用的手机推测此人的身份、阶
层、职业等方面的信息，这时物品就在反

中上层的苏格兰
威士忌。

中产阶级的波旁
威士忌加入干姜
水，插着装饰物
和吸管。

上层贫民的啤酒，
偶尔会在特殊场
合盛在可读器皿
里，而不是直接从
易拉罐里喝。

图 4-20　饮料及其盛放器皿就能表明用户的身
份和社会等级。

射这个人的形象，它既能使主人和他人都产生相应的情感体验。这种体验必须
建立于对其意义的"理解"[1]的基础上，才能产生相应的情感体验，因此它带
来情感体验应属于"理解"的层面。如图 4-20 是保罗·福塞尔在《格调——
社会等级与生活趣味》一书中的一张插图，说明通过人所使用的饮料容器能
表明其不同的社会阶层，这里产品成为了传达用户身份、背景的符号，体现了
这本书的核心观点："细微的品质确立了你（即用户）在这个世界上的位置。"
符号化的商品——日常用品，成为了人们之间"沟通者"，承载了该物品拥有
者的社会属性和文化期望，人们可以根据个体拥有物来对他的主人来进行解读
或进行等级、类型的划分。

2）对物品及其使用方式、蕴涵意味的领悟和反思

图 4-21 中的手表，单纯把它们当做"看时间的工具"（第二层面），它们
很难说称得上是优秀的设计，因为它们并不能明确、有效地指示时间。它们的

图 4-21　手表设计

1 这种理解也可以视为一种符号的解读。

存在价值正反映于第三个层面上，即以新的、更加有趣的、更加艺术化的方式展示了时间，激发了人们兴趣和审美情感。

我们发现，在这个层面上，某些艺术设计的价值还在于它们能带给人们操作的乐趣——这既是物提供给人多种可能性的乐趣，同时也是人通过对外面世界（包括物品以及物品的使用）新的认知、新的体验而产生的乐趣。物品本来是为了特定的目的而设计出来的，能最直接、简便地实现目的本是评价产品可用性的重要指标——即前面论述过的可用性的指标。但是人的情感上却不总是如此，有时他们希望能在使用物品的过程体会到探索和自我实现的乐趣，即追求需要层次理论中的较高层次需要的满足。某些消费品如家具、餐具、灯具等，它们的功能并不复杂，体现其价值远不仅是能很好地完成那些基本的实用功能，而提供人多样性的可能和趣味才是这些产品更重要的设计内容。

这个层面的情感体验还有第三种可能，就是设计物能在与人的互动中传递文化，它被当做了正式或非正式仪式中的重要组成部分，例如日本茶道、插花艺术以及节假日中的各种类似"道具"的器物。在这些活动中，器物的使用已不简单是为了实现它的功能，茶道中的茶具，人们在使用它烹茶或者饮茶时，远不是为了止渴，而更多地在于通过这些器物以及仪式般的使用过程，使人体会坚忍、纤细、精致，略带感伤的禅意，感受文化的意境。与之类似，人们生日时吹灭的蜡烛、婚礼中碰撞的酒杯也同样寄托着深远的文化或传统的意味。

3）叙事性的解读

叙事原本是一个文学理论上的词汇，属于叙述学的范畴，荷兰学者米克·巴尔提出："叙述学是关于叙述，叙述本文，形象，事像，事件，以及'讲述故事'的文化产品(cultural artifacts)的理论。[1]"定义提出了"文化产品"的概念，将叙事性研究的范围拓展到了文学之外的领域中，显然设计艺术作品也应是文化产品的一个重要的组成部分。巴尔进一步提出："叙述本文是叙述代言人用一种特定的媒介，诸如语言、形象、声音、建筑艺术，或其混合的媒介叙述（'讲'）故事的本文。"由此可见，我们的设计艺术作品，同样可以通过形象、声音、赋予的名称等综合要素来叙述故事。

设计艺术以设计的物或图像作为载体，显然不如文学作品、电影、电视等具有时空变化的载体那样能承载很大的信息量，设计艺术作品的叙事性更多需要依赖于接受者——设计的观看者的联想和想象加以补充，并且常需要通

1 Mieke Bal.Narratology,Introduction to the Theory of Narrative.Second Edition.（Toronto:University of Toronto Press,1999），p.3,p.5.pp66-75.pp.220-222. 这个定义是经过再次定义的，以往的叙述学主要研究文学中的叙述文本，原文为：叙述学是关于叙述本文的理论。参见：［荷］米克·巴尔，《叙述学：叙事理论导论》，谭君强译，中国社会科学出版社，1995年版，第1页。

过赋予名称作为索引"信息"的线索,这个过程中,接受方与发送方之间的语言互通性显得更加重要。

如果我们稍微留心,就会发现"赋予名称"是艺术设计的一个非常重要的环节,许多经典的艺术设计作品都被赋予了一个或者意味深长、或者诙谐幽默、或者生动刺激的名字,例如"权力游戏"扶手椅(Frank Gehry:1992 年:隐喻一种权力的游戏)、"港湾桌灯"[1](E.索特萨斯:1983 年)、"茜茜小姐台灯"(菲利普·斯塔克:1991 年)、谜题排椅(Essairne:1994 年)、"明月"椅(Shiro Kuramata:1988 年)、"金字塔冰箱"(R.佩泽塔:1987 年)等。赋予名字的行为并不单纯,其中包含深刻的设计含义。如图 4-22 单纯看不过是一个普通的手电筒,但是当设计师赋予它一个有趣的名字——"波吕斐摩斯独眼巨人手电筒",这个名字立刻使那些知情会意者产生会心一笑。此类情感体验来自设计的叙事性,即设计作品能叙述一段故事,并由于这段故事激发观看者的各种情绪和情感。

图 4-23 的椅子设计所体现的叙事性则更加明显,不仅其命名让人有想象的空间,而且从造型上看,也易于让用户体会到设计师的本意,希望通过类似的形式勾起人们童年时坐在长辈大腿上的温馨记忆。

设计的叙事性还反映于设计作品作为物品在整个生命周期中获得的传奇和故事,例如图 4 - 24 中的踏板摩托车,最初也许它只是一辆纯粹的踏板摩托车,而当它作为著名电影《罗马假日》中主要的道具之一,被加载了浪漫的爱情故事之后,再次解读这件设计作品,那些熟悉这一背景的人就能获得其他异常丰富的信息。举世闻名的香奈儿 5 号香水也是如此,它和玛丽莲·梦露——这位传奇美女

图 4-22 [阿根廷]埃米罗·安伯斯,波吕斐摩斯独眼巨人手电筒,1985年。

图 4-23 [法]里基·德·桑拉·法乐,"查理"扶手椅,1981 年。

图 4-24 《罗马假日》剧照以及作为重要故事道具的踏板摩托车,[意]拉迪诺·阿斯卡尼奥,VESPA 踏板小摩托车,1946 年。

---

1 指示威尼斯的一个小岛 Murano,以制造亮蓝色、红色玻璃而文明。

图 4 - 25 来自杂技演员姿态的设计。

图 4 - 26 中国联通标志。

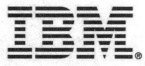

图 4 - 27 IBM标志,"蓝色巨人"给人带来理性、冷静、高技术的体验。

的故事融合在了一起,从而给人以遐想的空间。

此外,我们发现设计师总热衷于介绍设计灵感出现的根源,究其背后缘由与之类似。设计师通常乐于解说道,他们从纯艺术作品、现实场景或文学作品中获得了某种灵感,并最终演变为设计作品。在介绍这一曲折的、兴奋的发现之旅的时候,他们也同时将叙事性赋予到这一设计作品中。设计的观看者如果对这些传奇、故事一无所知,那么这件设计作品对于他们而言不过只是一件寻常之物,但如果能获知和解读这一设计所携带的意味,平凡之物就变得异常生动有趣了(如图 4 - 25)。

4) 象征和符号

设计师有意识地将物品、图形作为符号和隐喻,或设计中加入符号和隐喻,使人们体验特定情感的方式。作为符号或象征的设计既有显著的,易于破解的,也有较为隐蔽的。较为显著的例如视觉传达设计中的 VI 设计,通过标志、标准图形、标准色、标准字体以及吉祥物等一整套设计象征企业的理念,对内促使员工形成共同的理念,增强企业的凝聚力,对外则传达企业经营理念,塑造企业形象。那些成功的标志和 VI 系统凝聚了企业的精神和理念,从而使知情者看后便能产生相应的体验。例如我国的五星红旗和国徽,作为符号和象征,每当我们看到它们时爱国之情以及民族自豪感就会油然而生。图 4 - 26 是联通公司的标志,也是成功的情感符号,其 VI 手册中将其采用的红色和黑色命名为 "中国红" 和 "水墨黑",并释义道:国旗色,代表热情、奔放、有活力,象征快乐和好运的红色增加了企业的亲和力,给人以强烈的视觉冲击感;水墨黑,最具包容与凝聚力、稳重和高贵的颜色。红色和黑色的搭配具有稳定、和谐与张力的视觉美感;"i" 汉语的发音为 "爱",充分阐述了 "心心相连、息息相通" 的品牌理念。单位、企业通过对这些符号、色彩以其象征意义的宣传

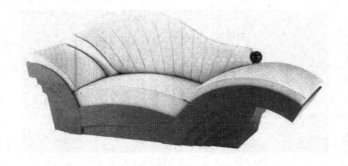

和推广，渐渐使意义深植其中，每当人们见到这些符号和标志，便会体验到最初所设定的意义，从而产生相应的情感体验。

　　而物品的造型和装饰则是较为隐蔽作为"情感的符号"因为多数物品的最重要的意义在于"使用"价值而非其他，因此不少观众会忽略掉设计师巧妙设定的符号和隐喻，但那些具有必要的背景知识、能够破解和诠释其中奥妙的人们会产生相应的情感体验。例如以后现代主义设计师为代表的一些现代设计师，他们推崇文脉主义、引喻主义和象征主义，在设计中常常巧妙运用从历史风格中抽出的要素或

图 4 - 28　[日]崎新设计的梦露椅 (1972 年) 与 [奥] 汉斯·荷伦 (Hars Hollein) 设计的玛丽莲沙发 (1981 年)：人们通过解读设计中的符号和意味，产生相应的情感体验。

某种象征符号，一般观众也许仅能凭借感觉，直接地对设计产生一定的情感体验，部分具有相应的知识背景、生活体验以及欣赏和感受能力的观众，则能破解文化符号，与设计师形成共鸣，获得更深层次上的情感体验（图 4 - 28）。

一、复习要点及主要概念

情绪　情感　情绪的维度　耶克斯—道德逊曲线　新异刺激　诺曼的人对物的三种情感

二、问题与讨论

1. 情绪有哪些作用，请结合设计实践，试分析情绪体验在设计中的作用。

2. 如何理解设计情感的特殊性。

3. 模仿文中对汽车造型情感体验的量化研究方法，选择一组同类产品，采用问卷和量化统计的方式对其情绪体验进行分析。

三、推荐书目

[美]尼古拉·尼葛洛庞帝:《数字化生存》,胡泳、范海燕译,海南出版社,1997年版。

[美]K.T.斯托曼:《情绪心理学》,张燕云译,辽宁人民出版社,1986年版。

[苏]N.M.雅科布松:《情感心理学》,黑龙江人民出版社,1988年版。

孟昭兰:《人类情绪》,上海人民出版社,1989年版。

第五章
➤ *Chapter 5*

情感设计

当代心理学因为过于实用主义，所以放弃了一些本来对于它关系重大的领域。众所周知，由于心理学专注于实用效果、技术和方法，而对于美、艺术、娱乐、嬉戏、敬畏、高兴、爱、愉快以及其他"无用的"反应和终极体验很少有发言权，因而，对于艺术家、音乐家、诗人、小说家、人道主义者、鉴赏家、价值论者、神学研究者，或其他追求乐趣或终极目的的人也绝少有用或者根本无用。这等于指责心理学对现代人贡献甚少，现代人最迫切需要一个自然主义或人本主义的目的或价值体系。

——[美] 马斯洛[1]

5.1 情感肌肤

情感是艺术设计区别一般设计的最本质要素。德国布劳恩公司设计师拉姆斯曾经说："人造物都对心灵或情绪发出信号。这些信号不论强或弱，想要或不想要，明确的或隐蔽的，都创造了情感。[2]"拉姆斯本人是不折不扣的理性主义设计师，他认为设计应该是简化的、理性的，任何多余的、复杂的装饰都应该被剔除出去。这里我们并不打算过多讨论理性主义设计的利弊，仅想说明：如这样一位严格的、功能主义的德国设计师，似乎本应将情感——这种无法量化和具体说明的属性放在一边，但恰恰相反，他说，严格简化的设计并不仅

---

1 [美] 马斯洛：《动机与人格》，许金声、程朝翔译，华夏出版社，1987 年版，第 151 页。
2 Dieter Rams: Omit the Unimportant, Victor Margolin ed. Design Discourse, Chicago and London: The University of Chicago Press, 1984, P111–112。

127

5-1 拉姆斯的设计：布劳恩 T100 全波段收音机和便携式收音机。

5-2 阿里桑德罗·曼迪尼设计的普劳斯特的扶手椅：这是一款典型的后现代设计作品，巴洛克的造型、点彩派的装饰纹样冲斥着符号的张力。

仅出于功能需要，而认为这样的产品轮廓才是"平和的、抚慰性的、可感觉的、经久不衰的"，这是对产品情感的描述。由此我们大胆推测，他并不仅仅出于功能需要而提出这样一种简约、理性的设计，而恰恰出于一种情感的表达。可见，不管功能、结构因素对用户而言多么重要，工业设计师，既然并非严格意义上的功能实现者（偶尔某些设计师也许也涉及到了这一方面），所谓的功能表达也不得不依赖于一种情感式的激发方式，即通过外壳的设计，能使用户产生对产品诸如信任、舒适、喜爱等正面的情感 [1]。

基于这样的分析，我们豁然开朗。设计史上，不同派别的设计师为了产品是否应严格表达功能——这一命题争论不休，集中体现于现代主义者和后现代主义者之间的争论。而其实，功能主义者所能做的也仅是通过产品外观，使用户产生高效率、高性能、安全可靠的情感体验，也是一种掩蔽在理性外衣下的情感。类似包豪斯、乌尔姆之类的设计，虽然号称一切出自功能和结构的理性分析，但本质而言，不过是通过一种以单纯的几何形式为代表的造型语言，使用户产生高度理性的情感体验。那么那些积极推进趣味的、复杂的、有意味设计的后现代主义设计师则更无须多言（图 5-2），对他们而言，设计更重要的属性在于使用户和观众产生复杂的、意味深长的情感体验，刺激、新奇、对历史的回忆，破解"谜语"和"隐喻"的兴奋，从而愉悦他们的心灵。

可见，设计的情感是使它与一般工程、结构、流程和软件设计存在差别性的核心要素，也是所有艺术质的设计得以存在、形成学科和作为特定职业门类的基础。如果说，产品的外壳仅仅需要满足其功能的需要或者封存其内部结构，那么艺术设计便完全可等同于西蒙等人对设计的定义了，但情况却非如此，这一职业还有着其存在的必要性和价值，并且这种必要性和价值今天正变得越

---

1 拉姆斯等设计师没有学习过心理学中关于唤醒程度与愉悦程度的倒 "U" 形曲线，但是其设计与心理学的研究不谋而合，是带给人们中等愉悦体验的设计。

来越重要。

今天，许多后现代和后工业社会理论家不断从正反面提示我们，信息和数字化技术对产品与一般用户之间关系的最大的影响之一在于：产品以外壳（即我们所说的外观造型）为界线，产品内部神秘而不可侵犯，属于技术专家的控制范围；而产品外部呈现于一般用户面前，是用户的个人领域。如学者亚伯拉罕·A.莫尔斯说："社会正逐渐从提供产品设计，向提供服务性社会转变，销售者为了保障用户在一定时限内正常使用其产品，往往提供较周全的保障和维护服务。因此他们为了防止用户因自身能力欠缺而意外损坏产品，会封闭产品外壳，使用户不得私自侵入这个'技术领域'，这便使产品的内部结构变得更加神秘，不可逾越"[1]。例如我们购回的计算机、笔记本等数码消费品，通常其外壳上被标上记号，商家告诫消费者一旦破坏记号将失去获得保障的权利。另一方面，即便制造商不通过合同约定的方式阻止消费者擅自越过"外壳"的界线，神秘复杂的硅片科技也足以使一般用户无法看到任何与产品功能、效率或品质相关的内容。现代主义设计赖以存在的基本信念"形式追随功能"、"形式是结构的外在表现"，在不少场合失去了意义，人造物的世界中不断出现的是一些乍看上去意义模糊的小盒子。一方面制造商为了保障、保密（新科技）的缘故，并不期望人们能理解这个盒子中的部件究竟如何运行的；另一方面用户也并不感到他们需要耗费资源来弄清这些与他们使用不直接相关的东西。这样产品以外观造型为界，被区分成了两个世界。

内在世界是功能的世界，当今科技不断向其注入以信息技术和智能技术，使其人工智能的属性越来越明显，它也因此越来越呈现出类似人脑的属性——黑箱。一般用户无法也无须了解这个世界的规律，他们中的大多数人关心的仅仅是其外在表现和运行情况，这也是用户作出评价和选择的关键。设计师的职能相应也有了一些变化。一方面，设计师并不是专业技术专家，对"小盒子"内部运行情况的了解也是极有限的；但他们又是职业性穿梭"外观前线"的沟通者，设计师的职责要求他们将产品的各种本质属性转换成合适的外壳，使用户在不了解产品内在世界的前提下，依然

图5-3　[德] Dieter Rams，布劳恩公司三波段收音机RT20（1961年）和 [日] 索尼公司 SL-C7Betamax 录音机（1980年）：现代主义风格的小盒子，它们的外观如此类似，人们很难从其外观上直接了解它的结构和功能。

1 Abraham A. Moles: The Comprehensive Guarantee: A New Consumer Value, Victor Margolin ed. Design Discourse, Chicago and London: The University of Chicago Press, 1984, P77-88.

能控制、喜欢、信任它。有些学者将设计的这一属性定义为设计的"修辞性"，即用设计语言来说服消费者的过程。从这个意义上看，现代设计的核心问题似乎成为：设计师如何赋予产品一个适合的"肌肤"，它承载了双重职能，其一是让物品具有情感的张力，通过适当的语言让人们或喜欢、或好奇、或惊讶、或厌恶人造物品；其二则是通过"情感肌肤"让用户忽略"盒子"的内部规律和法则，凭借外在表达理解和判断物品。

5.2 情感的设计策略

当物品的外形成为了"情感肌肤"的时候，"肌肤"的塑造也便成为了"情感"塑造的过程。"情感设计"就是设计师通过设计之物有目的、有意识地激发人们的某种情感，使之产生相应的情绪体验，从而达到或强化某种目的的设计。情感设计是强调情感体验的设计，而不是以情感体验为基本目的的设计。或者说，设计师通过设计之物使人产生或兴奋或悲伤，或愉悦或恐惧的各种体验，依此发挥情绪的驱动、监察等作用，从而干预人的认知、行为和判断。

究竟是什么驱使人们产生喜怒哀乐的不同情绪？有趣的是，心理学家们并没有去分析人们因何而产生各种基本情绪，他们认为恰恰相反，当人们躯体出现了相应的生理变化（内脏变化），神经系统被唤醒产生相应的体验，并且作出了相应的评价，这便是情绪[1]。正如 100 年前威廉·詹姆斯所说："我们感到难过，因为我们哭泣，气愤因为我们斗争，害怕因为我们颤抖。[2]" 也就是说，当我们有了某种生理变化，产生并意识到了某种体验的时候，便有了情绪和情感。

学者们虽然无法准确说明什么驱使人们产生喜怒哀乐，但他们却证明了人们具有与生俱来基本情绪。20 世纪 70 年代初，美国心理学家伊扎德（C.E.Izard）提出了情绪分为基本情绪和复合情绪，其中基本情绪是人们与人生俱来的，包括 8 至 11 种，分别为兴趣、惊奇、痛苦、厌恶、愉快、愤怒、悲伤、恐惧以及害羞、轻蔑和自罪感，它们具有独立的生理特征，即不同的外显表情、内部体验和生理神经机制和不同的适应功能。复合情绪则较为复杂，伊扎德认为可以分为三类，一类是由 2 至 3 种基本情绪混合而成，例如敌意，它包括有厌恶、愤怒和轻蔑等三种基本情绪。焦虑带有恐惧、痛苦、愤怒、内疚等基本情绪；

---

1 其实，以上包含了先后三种情绪理论的看法，第一种是詹姆斯—兰格理论，它认为情绪即躯体反馈；第二种是坎农—巴德的中枢神经过程理论，它提出刺激唤醒神经系统，从而才有了生理变化和情绪感受；第三种是情绪的认知评价理论，它提出情绪体验是一种生理唤醒和认知评价相结合的状态。

2 [美]理查德·格里格、菲利普·津巴多《心理学与生活》，王垒、王甦泽，人民邮电出版社，2003 年版，第 357 页。

二是基本情绪与内驱力以及身体感觉混合而成的，例如痛觉，灼烧感，三类是感情—认知结构与基本情绪的混合，例如道德感、理智感等。其中基本情绪具有普遍性，其产生以及外在表现（表情和生理变化）具有明确的规律（图 5-4），对设计师而言，便意味着相应的设计策略。

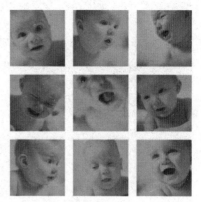

图 5-4 人类的基本情绪。

5.2.1 快乐或高兴

快乐是指现实生活中，期盼的目的达到之后，对紧张解除的情绪体验，快乐的程度取决于愿望满足的程度，依次包括满意、愉快、狂喜等。一般而言，愿望越迫切，目的的达到越出乎意料，快乐的程度也就越高。快乐是一种积极的情绪，它能使人们盼望再次体验，因而在很多情况下，设计师都希望其设计能带给观众和用户快乐的情绪。

国内学者孟昭兰在《人类情绪》中指出，快乐的产生有生理、心理和社会条件等不同原因，她提出了四类愉快：

感觉愉快：来自感觉上的满足的愉快；

驱力愉快：生理需要得到满足产生的快感，例如饥渴感觉得到缓解；

玩笑中的愉快：来自会意和意义的解读，往往是在超出必然逻辑的变式和类比，能缓解人们的紧张情绪；

自我满足的愉快：这是最纯粹、最典型的快乐，来自人类通过活动获得成功，增强自信，达到理想和愿望，以及获得他人的尊重和认可，即人本主义心理学家马斯洛所提出的高层级的需要和满足。

依据以上自低到高的分类，我们可以将设计带给人们快乐的情绪归纳为：感官快感、得利快感、超出常规的快感、解码快感和交互快感。

1. 感官快感

这些设计利用人们的感知规律，使用户无须过多思维参与，直接产生出于本能的快感。心理学家伊扎德指出，快乐的产生在心理上存在两个一般的条件，其一是熟悉性，其次是兴奋和刺激[1]。首先，熟悉性是指那些有间隔的、多次重复出现的事物所产生的似曾相识的感觉，事物的"重复出现"和"似曾相识"是其中关键，它揭示了艺术造型的"韵律"和"节奏"的要求，即当形式以一

1 孟昭兰：《人类情绪》，上海人民出版社，1989 年版，第 294 页。

131

阿尔瓦·阿尔托奥尔夫斯贝格文化中心

戈伦·汉格尔 Aarne 玻璃器皿

图 5-5 和谐的色彩，圆润光洁的表面，温暖而明亮，规律的、有节奏的变化，对称，黄金分割的比例，整体而一致。

弗兰克·盖里毕尔巴鄂古根海姆博物馆

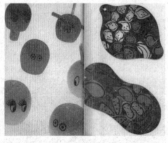

戴维·茹兹阿莱西的设计：有趣的牙签容器和瓶塞以及切菜板

图 5-6 鲜艳、强烈的色调，独特，夸张，较多细节。

定规律变化时比起"无规律变化"或"一成不变"更容易使人产生愉悦（图 5-5、5-6）。第二，兴趣能强有力地驱动人们的认识活动，将人吸引到一定对"熟悉感"和"兴奋、刺激"在设计中则体现为两种不同的风格，在运用得当的情况下，两者都能使人感觉愉快，但前者相对较为持久，而后者在较长时间后会感觉疲劳，并丧失兴趣。

2. 得利快感

人们通过的功利性目的的达成而获得快感，例如能更快速、更简单、更优质地完成某项任务，或者能从某一产品的使用中获得意外或附加的好处等。

3. 超出常规的快感

康德在《审美判断力的批判》中曾说过："笑是一种情感激动，起于高度紧张的期望突然间被完全打消。[1]"而发展心理学家们也曾研究婴儿的笑，发现最早能引起婴儿笑的刺激有两种，一种是亲人的鬼脸；一种是将他抛起再接住的动作，从而学者们认为：被驱出生活常规的经验是幽默的必要属性。可见，脱离常规常常能带给人们快感，这种情绪使人们暂时性地从自身设定的常态中解放出来，从而感到愉悦和压力被缓解。

设计中超出常规的方式很多，常用的包括形式极端夸张，强烈对比，意外情节以及童稚化等。例如图 5-7 中的 Apple 笔记本广告，高大身材的篮球运动员姚明与身材矮小的侏儒本就形成了极端夸张的对比效果，并且还一反常态地让矮个使用大苹果笔记本，大个使用小巧的笔记本，这种意外的情节便更增加了喜剧效果。

1 [德]康德：《审美判断力的批判》，宗白华译，商务印书馆，第 54 页。

图5-7 Apple 笔记本电视广告。

图5-8 大肚子纸架和搅拌棒,意外的幽默情节令人捧腹不已。

"童稚化"是设计中脱离常规的一种重要方式,此类设计中,物品的造型呈现儿童产品的风格,色彩鲜艳,造型夸张(图5-8、5-9);或者以儿童的视角和思维方式加以表现,例如模拟儿童的语言、游戏。这些表达出童趣的设计突破了成年世界的常规,使人们能暂时地逃离现实压力,回归无忧无虑的天地。

4. 解码快感

设计师赋予物品以某种意义,使其成为某种符号或隐喻,当人们解读出这一意义,并与之产生共鸣时,也能获得极大的快乐。正如美国学者米歇尔·克林斯在评价阿莱西那款著名的柠檬榨汁机时所说的那样:"我们并不'使用'我们的 Juicy Salif。它的作用不在于被"使用",它可远观而不可把玩,是被当做艺术品来欣赏的。它需要我们去分析,也会引起思考和争论。[1]"

"解码"快感在后现代主义设计上体现最为典型。比如阿莱西公司,作为后现代主义设计的大本营,其多年推出的设计都以充满了符号的张力为特征,这些日常生活中平庸之物,在功能上并无任何突出之处,但它们的确带给了人们快乐,上面冲斥的各种符号充分体现了大众趣味和流行主义的理念,使观众获得漫不经心的轻松和愉悦。阿莱西的设计师似乎根本不怎么考虑如何提高产品的使用效能,其核心理念似乎便是唤起观众的好奇心,或放松他们的情绪,或使他们兴奋,从形式的体验和符号的解读中获得快乐,在这个过程中,产品还是不是那么好用似乎已不那

图5-9 [英]尤瑞安·布朗,Hannibal 胶带座(1998年)和 isis 订书机(1999年),美国 Apple 公司 ibook 笔记本电脑 (1999年)。
座椅,西班牙300%设计展展品,带有卡通形象米老鼠的形象。
色彩鲜艳,造型类似儿童玩具,摆脱了冰冷的办公用品和商用机器的面貌,令用户轻松愉悦。

1 [英]米歇尔·克林斯:《阿莱西》,中国轻工业出版社,2002年版,第10—11页。

图 5-10 [法]拉迪设计组，睡猫地毯（1999 年），2004 年法国百年时尚展展品。

图 5-11 [意]阿基佐姆事务所，米斯扶手椅，脚凳（1969 年）。

图 5-12-1 意大利设计师曼迪尼设计的后现代主义的瓦西里椅。

图 5-12-2 包豪斯教师布鲁尔设计的瓦西里椅。

么重要了，虽然其中的确也有一些非常适用的设计，比如迈克尔·格雷夫斯设计的"小鸟水壶"。也许功能主义者会对这些物品并无明显提高的使用性产生质疑，但是，正如诺曼所说："正面的情感能唤起好奇心，激发创造力……在愉悦心境下轻松快乐的人们会更富有创造力，更能容忍和处理设计中的小问题……（产品）的缺点会被忽略，因为它是如此的有趣。[1]"

从"思维参与"的程度上看，解码快感是一种较高层次的愉悦感，它必须建立于共同的符号贮备和可共享经验和知识的基础上。如图 5-10 是拉迪设计组（Radi Designers）1999 年设计的"睡猫地毯"，不了解背景的观众除了感觉古怪之外并不会有过多体验，事实上它以一种玩世不恭的态度嘲弄了贵族千篇一律的优越生活。图 5-11 和图 5-12 同样是后现代设计风格的设计，一款是阿基佐姆事务所设计的米斯扶手椅、脚凳，从名字上我们就能看出其中戏谑的味道，米斯影射了包豪斯最后一任校长米斯·凡·德洛（Mies van der Rohe），它参照了勒·柯布西埃在 1929 年设计的著名的轻便躺椅，用显然并不符合"坐"的需要的设计来说明它们的讽刺意念，构成了一个"激进设计"和"反设计"的"声明"；另一款座椅的创意和它类似，这一次后现代主义设计师曼迪尼嘲弄的是包豪斯教师、现代主义设计大师布鲁尔，只有了解"现代"与"后现代"之间的联系的人们才能真正解读这些设计，从而获得最大程度的愉悦。

5. 交互快感

体验令用户能对物品发生交互，能选择、改变、控制、操作物品及其相应的使用方式，从而获得自我实现的愉悦，这种愉悦感来自人们通过自己的活

1 [美]唐纳德·诺曼：《情感化设计》，电子工业出版社，2005 年版，第 10 至 11 页。

动改变周围的环境，使其更适合自己
的需要。"参与"和"交互"能使人体
验到一种控制外部世界，从而证明和
实现自身价值的乐趣，例如图 5-13 中
的"土豆"灯能允许用户揉捏，改变
它的形态，类似儿童手中的橡皮泥，
使人们体验塑造的快乐；图 5-14 中的
弯管灯具，能根据用户需要改变形态，
为用户增加交互的乐趣。除了这些以

图 5-13　可以捏的"土豆灯"，西班牙 300% 设计展展品。

实际物品为载体的设计之外，更多的此类设计是为人们提供一个可供控制、
交互和改变的情境，带给人们相应的体验，例如各类体育竞技、游戏以及网
络世界。在这些情境中，人们体验着在现实生活中难以实现的不断挑战自我、
战胜自我的梦想与渴望，虚拟地获得各种成功和成就，从而获得极大的快乐，
甚至有时沉溺其中，不可自拔，由此可以体现其力量之大。

　　这种交互、参与带来的愉悦感不是什么异常稀罕之物，它来自人们"控
制环境"和"实现自我"的需要，许多平常的行为、举动也能带来此类的情感。
心理学家马斯洛发现家庭主妇在看着自己的孩子和丈夫随便说笑时就可能产
生这样的体验，舞蹈演员在表演中也能达到一种忘我的愉悦状态，他称这种
状态为"高峰体验"，这是一种极度愉悦的体验。

5.2.2 痛苦

　　痛苦作为最普遍、最一般的负面情绪，产生的
原因包括物理刺激和心理因素。物理刺激能引起生
理上的痛苦，例如刺眼的光、灼热以及破坏，反应
了机体对环境变迁的不适。现代引起人们痛苦的最
重要的因素则是心理和社会的因素，其中主要包括：

　　1）分离：心理上的分离不仅仅包含形式的分
离，例如亲人之间的别离，也包含缺乏与他人的交
往，对外界的需求无法获得应答时的所感受的孤独
和不满。

　　2）失败：失误或预期不能达成，不能受到外

图 5-14 [意] Boalum，Livio Castiglioni
和 Gianfranco Franttini　弯管灯具

图 5-15 Pony 鞋的平面广告。

界的认可。

　　3）不公正的待遇。痛苦是一种动机力量，能驱使人对付和改变痛苦的因素，因此痛苦可以被作为一种保护机制，使人们避免更大伤害和危险。例如物品在操作不当时会发出刺耳的声音，使人们产生不适的感觉，提醒人们停止错误的操作。而在平面广告中，表现"痛苦"感的图像则使用更为普遍，如图 5-15 的平面广告，逼真的画面使我们似乎感觉到钉子扎我们时的刺痛，不舒适的鞋会带来这样的刺痛，如果不愿意体验这种痛苦，选择"Pony"鞋。

5.2.3 悲伤或悲哀

　　悲哀是与快乐相对的一种情绪，它是指所爱的人或事物的丧失或盼望的东西或事物的幻灭而引起的消极的情绪体验。悲伤的程度取决于失去事物的价值或原本期盼的热切程度。悲伤的程度以此为遗憾、失望、难过、悲痛、哀痛等。悲伤是一种保护性的情绪，它能对人们产生较为强烈的印象，从而达到加深记忆的效果。

　　大多数情况下，设计师并不愿其设计带给人们悲伤的感觉，但偶尔也存在这样的需要。比如诸如葬礼用品之类的表达哀思的物品、环境等。设计师、艺术家在实践中发现某些形式和结构要素能表达悲伤的情绪，例如阿恩海姆曾提及舞蹈演员在表达"悲哀"的主题时，动作缓慢，幅度很小，造型都是缓慢的，呈现出来的紧张力也很小。因此他认为，"悲哀"这种情绪的心理过程比较缓慢，缺乏能量，软弱无力 [1]。这一描述同样适合其他造型艺术，因而设计中对"悲哀"情绪的表达与之类似，表现多为黯淡的无彩色、粗糙的表面、空旷而

图 5-16　公益广告："请走人行道"（文案：生命如此珍贵，请走人行道）。

图 5-17　公益广告：同情无家可归者。

1　[美]鲁道夫·阿恩海姆：《艺术与视知觉》，滕守尧等译，四川人民出版社，1998 年版，第 611 页。

无生命的迹象、僵硬几乎无变化的线条和轮廓等（图 5-16、5-17）。

5.2.4 愤怒或生气

愤怒是指遇到与愿望相违背或愿望不能达到的情况，并一再受到妨碍从而积累出来的一种紧张的情绪。愤怒是一种强烈的应激机制，能使人们快速积累出一定的驱动应力，蓄势待发；但另一方面，它会使人的思维处于一种高唤醒的状态，在这种状态下，人们思维的灵活性会受到影响，不适合完成难度较高的创意性工作，因此人们从事需要思维高度参与的行为，如驾驶、高精度仪器操作等，应保持冷静，避免出现愤怒的情绪。

作为一种激活水平很高的爆发式负情绪，愤怒一般发生于强烈的愿望受到限制时，长时间的痛苦可能引起愤怒。愤怒作为负面情绪，使人进展、冲动、自信，但它不见得每次都会带来负面效果，愤怒引发的攻击行为可能导致破坏，也可能瓦解认知、智慧活动；但怒中自信的成分也可能导致认真态度、改善操作，达到更有效的活动结果。

5.2.5 恐惧或害怕

恐惧是指企图摆脱、逃避某种情境而又苦于无能为力的情感体验。它与快乐和愤怒正好相反，后两者都是企图接近和达到目标的。而恐惧作为一种防御性的机制，和愤怒一样，能迅速调动人们的神经中枢的资源，快速集中注意力聚焦当前的目标，警惕或远离这一目标。

引起恐惧的原因很多，凡能引起危险的威胁都能引起恐惧，包括环境事件、驱力、认知过程。惧怕的原因有些是天生的，例如婴儿对母亲的离去会感到恐惧；但更多恐惧是后天习得的，凡是强度大、新异变化大的事件都可能引起怕的情绪，例如巨大的声音、高处降落、突然变化、突然接近、疼痛、孤独，以及对期望不能达成的担忧等。

恐惧在全部情绪中最具压抑作用，它会引起逃脱和退缩，虽然从生理适应的角度看，它能保护人们逃避危险，但对儿童来说是伤害性的，童年的惧怕会造成人们形成胆小、懦弱的个性。另一方面，恐惧能给人带来强烈的刺激，之后人们会从高度紧张的状况下解放出来，伴随着一种如释重负的愉悦感，恐惧的刺激越强烈，之后的愉悦感也会相应越强，从而使人们有时在确信最终不会带来真正的危险的情况下，主动尝试恐惧体验。如我们前面所分析的那样，

图 5-18 恐怖片海报: 黑暗、神秘事物的运用。

图 5-19 现代 CG 电影海报《异形大战铁血战士》: 机械、暴露的复杂机械结构。

图 5-20 广告设计: 纯手工。

图 5-21 丰都鬼城: 以提供游客恐怖体验的环境设计。

情绪有时并不直接受意识的控制, 虽然明明人们知道不会出现相应的危险, 但恐惧的情绪体验依然会出现, 并随之带来一种紧张缓解后的快感, 探险、看恐怖片等娱乐活动中体验的感觉。

根据恐惧感产生的原因, 我们可以归纳出一些常用的"恐惧"要素:

黑暗;

陌生环境、神秘事物;

大面积留白, 如贡布里希所提及的, 人天生有对空白的恐惧, 因此野蛮人会在所有表面上填满图腾符号;

超常规的形式、配色或光线 (特别是绿色、红色等高纯度的色光);

大面积的纯色和支离破碎的部件与要素;

不对称; 模糊; 无规律;

局部人体和暴露的复杂机构。其中被暴露的复杂机构常常一方面代表了高技术, 另一方面也伴随着人们对高技术可能脱离人的控制的恐惧 (图 5-18 至 5-21)。

5.2.6 惊讶或惊奇

惊讶是一种因出乎意料而产生的注意集中, 神经系统唤醒程度提高的情绪体验。由于人的注意是具有选择性的, 能主动按照预期搜索和寻找目标, 因此研究者发现, 人们往往会注意对象中那些包含有最多信息的区域, 例如图片中的人物面部等细节较多的位置, 并且视觉对同一对象扫描的轨迹依赖于观察者所需提取的信息。当某一信息超出预期的情况时, 便会产生高应激的现象, 即注意力高度集中, 但不见得所有注意集中都是人们产生惊讶体验的时候,比如从事复杂思维活动时，例如创作艺术作品或计算。"惊讶"是人们在很短时间内将信息加工的资源集中对象，但这种集中不能持续长时间，随着人们对对象的认识和熟悉，注意将逐渐分散。设计中，惊讶这一情绪常被用来

图 5-22 游戏机广告，采用不可思议的场景吸引观众的注意，引导他们展开进一步的探索。

唤醒观众的注意，使其进行进一步探索，增强其对对象的认识和记忆，主要体现：日常情境中罕见或不存在的事物，例如外星人、异性生物等；超出日常生活动场景，例如具有人的特征的其他生物或物品；夸张和强烈对比；以及出人意料的故事情节等。

5.2.7 厌恶或厌烦

厌烦是一种负面情绪，工业心理学中将它定义为单调的情境所引起的身心松弛，倦怠的现象。厌烦时人的觉醒程度降低，紧张程度下降，身心松弛，反应迟钝。厌烦令人们回避或抵触厌烦的对象，转换不同对象后也许便能恢复较高的觉醒状态。

心理学研究表明，厌烦来自机体对周围环境的适应（adaptation）和习惯（habituation），因为当人面对新异刺激的时候，中枢神经会兴奋起来，进入应激的状态；当刺激不断重复，人们发现这一刺激没有太多利害关系，就会慢慢地不再对这一刺激进行反应，直到感受到新的刺激，这样可以避免机体对大量无意义刺激的资源耗损。

设计之物一般而言不应使观众、用户感觉厌烦或乏味，厌烦的情绪使人倦怠，会大大降低人们的作业效率，但过多的新异刺激（工作难度较高的）却易于导致人的疲劳。因此，设计师应避免让用户长期从事同一过简单或过复杂的操作，而可以考虑采用工作轮换或令内容有所变化的方式，使用户张弛有度。

而在版面设计或界面设计时，同一屏上不应一次显示太多信息，用户在同一页面上驻留太久会感觉乏味，所以让用户每隔一段时间翻页或刷屏有助集中他们的注意力。另外，在长时间进行简单工作的时候，增加一些悦耳、强度不高的音乐也不失为一种降低厌烦的好方法。

5.3 设计情感的表达

设计情感来自对物的综合体验，但首当其冲的便是对物的形式的体验，这种体验先于使用和结果，因而也是最基本的、最直观的，是情感设计的基础环节。设计师在为设计之物选择适当的"外壳"时，形式的要素应作为其工作的主要对象和目标。

一切二维和三维的形式都是由基本造型元素组成的，包括点、线、面、体、构成、色彩、材质和肌理或质感，它们决定了人们对物品的第一体验，也是最直接、最本源的体验。

最初，人们怀疑孤立、独置的点、线、面等基本要素本身是否能激发人们强烈的情感体验，早期的实验美学研究者将此作为研究的焦点，尝试以实验的方式对其加以证明。他们采用的基本研究范式是：单独向被使呈现简单的造型要素，如色块、线条、简单的几何形体等，然后要求被试评价喜欢或不喜欢这些要素试验。结果发现，的确人们对于这些简单的形状有一定偏爱，英国心理学家瓦伦丁在《美的实验心理学》曾提及一位被试说道："自己感到惬意的线条所产生的强烈的喜爱之情，不亚于自己所喜欢的画。[1]"这样的实验，现在看来其科学性值得商榷[2]，但艺术心理学家们还在此基础上为人们对艺术和形式的情感体验作出了一些合理的揭示，其中一些对于我们今天理解设计中的情感有着重要价值。比如，瓦伦丁曾提出：人们喜欢某一基本形体要素，是因为它们令人"眼睛运动"阻力最小，最简单。他们的研究发现，人们对不同线条的喜好的通常顺序是：圆形、直线、波浪线、椭圆形，最后是圆弧线。线条的走向代表了一种运动的暗示，因此能暗示流畅的、有规律的运动的线条比痉挛的、无规则的、似乎很难获得的线条更容易使人愉悦。

其实，艺术研究领域中这种对人们的视知觉的关注，恰恰体现了现代艺术研究走向科学的转变。另一位艺术心理学家阿恩海姆曾撰写了大量此类著作，如《艺术与视知觉》、《视觉思维》等，其中内容大部分都是运用格式塔心理学的原理分析基本的造型要素、形式、色彩、结构和方向等。比如《艺术与视知觉》的"表现"一章中，他提出：艺术作品的表现性存在于结构之中，类似于人类的表情能表达他的情绪一般，艺术作品的"速度、形状、方向等结构性质与其要表现的情感活动的结构性质有着一致性"[3]。为了证明这一观点，他还将两种曲线——圆形的一部分和抛物线一部分加以比较，他依此提出，

---

1 [英]C.W.瓦伦丁：《美的实验心理学》，选自《艺术的心理世界》，中国人民大学出版社，2003年版，第168、169页。
2 《美的实验心理学》中引用的马丁教授的实验的被试样本只有不到10人，而且并没有区分被者试的性别、年龄、职业等基本属性。
3 [美]鲁道夫·阿恩海姆：《艺术与视知觉》，滕守尧译，四川人民出版社，1998年版，第10到12页。

前者看起来比较僵硬而稳固，后者看起来比较柔和，米开朗琪罗设计的圣彼得大教堂圆屋顶正体现了两类曲线上升动力和下垂的稳定性的巧妙平衡。

另一位对形体要素的情感体验进行了深入探讨的是抽象派艺术家康定斯基，他在《论艺术的精神》中分析了点、线、面等概念形态的情感体验。作为一名艺术家，康定斯基的所有结论都出自其个人的艺术体验，并无多少实证，但他放弃了西方学者从历史和文化母题角度分析艺术作品的传统，将艺术还原为最为基本的要素，直接从观众情绪体验的角度理解形式。他常常以"冷"、"暖"、"自由"、"紧张"、"抑郁"、"松弛"等描述情绪体验的词汇描述形式，他在《论艺术的精神》"概述"中说道："被感受到的东西能唤起和振奋感情。因而，感受到的东西是一座桥梁，是非物质（艺术家的情感）和物质之间的物理联系，它最后导致了一件艺术作品的产生。另外被感受到的东西又是物质（艺术家及其作品）通向非物质（观赏者心灵中的感情）的桥梁。他们之间的程序是：感情（艺术家的）—感受—艺术作品—感受—感情（观赏者的）……感情总是在寻求表现手段，即寻求一种物质形式，一种能唤起感受的形式。[1]" 这一观点揭示了带有艺术质的作品（包括艺术设计）作为创作者和观众或用户情感体验共鸣的基本过程，说明了观众的情感体验来自艺术家按照一定"内在因素"创作的形式[2]，并且这些形式"像一切物质有机体一样，是由很多部分组成的"，他所指的组成形式便是点、线、面等最基本的造型要素。

在这些学者的研究基础上，我们从一般意义对形的基本要素的情感体验着手，对这些要素引起的情感的方式展开分析如下。

造型要素赋予人的情感体验，究其心理机制至少应体现于三个层次之上，按照图 5-23 所示的模式展开。

即：设计师的体验—特征体验—设计物—观众—类似体验。例如：

女性手机：性感、优雅——S 形曲线、嘴唇、亮晶晶的首饰、高跟鞋等（设计师的体验）——手机造型（点、线、面、体、色彩、肌理和质感）——用户体验。

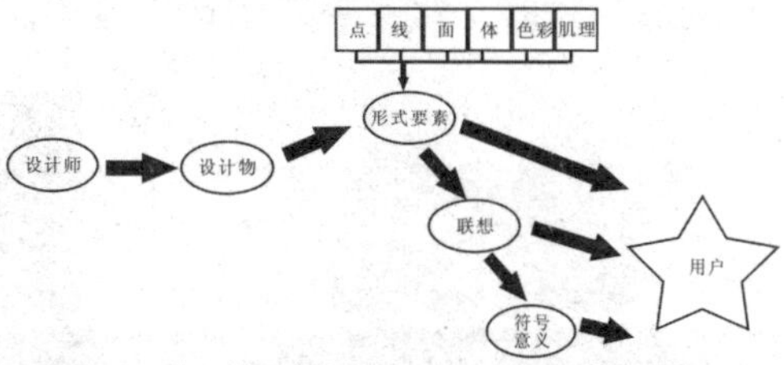

图 5-23 观众情感体验模式图。

商用笔记本电脑：现代、轻、

---

1 [俄] 瓦·康定斯基:《论艺术的精神》，中国社会科学出版社，1987年版，第145页。

2 笔者认为，正如康定斯基书中直接提及的那样，就纯艺术作品而言，"内在因素"是艺术家本人的情感；而设计作品则因其审美和实用的双重属性而存在区别，"内在因素"一方面与设计师本人的情感体验相关，设计作品有时也表达了设计师本人的某些情感，但更重要依赖形式所表现的"内在因素"则是设计师出于一定目的性而赋予形式的各类情感体验，它基本来自设计师对于不同情感体验对人类效用的认识，例如积极的、愉悦的情绪能驱使消费者对物产生正面评价和态度，达到促销的目的；惊讶的情绪能提高消费者的注意；悲伤的情绪能引起观众的移情效应，激发同情心；恐惧的情绪能帮助观众避免消极后果。

141

速度、精致——轻金属、银色或白色、薄、折叠、飞机和宇宙飞船、风、跑车（设计师的体验）——笔记本造型——用户体验。

首先，造型自身的要素以及这些要素组合形成的结构能直接作用于人的感官而引起人们相应的情绪，例如寒冷、温暖、收缩、刺激、眩晕等；同时伴随着相应的情感体验，例如温暖、明亮伴随着愉悦，寒冷、幽暗伴随着厌恶或伤感等。

第二个层次在于这些造型、型的要素以及它们的结构使人们无意识或有意识地联想到具有某种关联的情境或物品，并由于对这些联想事物的态度而产生连带的情感。例如心理学著名的"罗夏试验"，同一个原本并无固定意义的图形（图5-24），由于不同人的成长背景、生活阅历、知识结构、个性等差别，会使人产生不同的联想，导致不同的情感体验。设计对象在被用户鉴赏和评价时也是如此，并且设计对象造型越复杂，各人联想的差异也就越大，产生好恶情感的差别也就越大，更易于受到观看者的年龄、性别、知识、阅历、气质、性格、心境等多要素的影响。因此欲使设计物的造型更具魅力，许多设计师刻意使其设计物的造型更加含糊，耐人寻味或带有某种暗示，以增加其激发联想的线索，或者引导观看者去产生相对应的联想。

很多情况下，第一二个层面的情感体验是同时产生的，而很难断然区分。正像康定斯基在论述色彩的心理效应时所指出那样，"这是一个悬而未决的问题。如果灵魂与肉体浑然一体，心理印象就很可能会通过联想产生一个相应的感觉反应……色彩能唤起一种相应的生理感觉，毫无疑问，这些感觉对心灵会发生强烈的作用"。并且我们知道，人们对于对象产生的生理变化被感知后即发生了相应的情绪，因此可见，直感的情绪与联想激发的情感体验往往相伴而出，是一种较为自动的、本能的心理效应。如图5-25中乔治·内尔森（George Nelson）设计的"药蜀葵大沙发"，首先，鲜艳的光洁的色彩让人能直接产生食

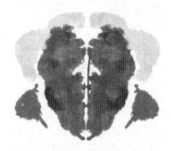

图5-24 罗夏实验作为实验材料的无意义图形。　　图5-25 [美]乔治·内尔森，药蜀葵大沙发，1955年左右[1]。

1 图片来源：[英]菲奥·基思，《20世纪家具》，彭雁等译，中国青年出版社，2002年版，第176页。

欲，这是属于第一层面上的情感体验；同时这一体验使那些曾吃过棒棒糖的人们联想到此类食物的甜美，产生更进一步的情感体验，这就属于第二层面上的联想的情感体验。

设计情感的第三个层次在于形式的象征意义，观看者通过对形式的意义的理解而体验相应的情感，这是最高层次的情感激发与体验。正如康定斯基在评价抽象艺术的价值所提到："新艺术（抽象艺术）旨在使符号变为象征"，基于这一观点，他运用几何学对绘画诸形态进行元素分解，并赋予这些元素以象征的意义，例如他认为水平线是女性的，垂直线是男性的，黄色象征世俗，蓝色象征高贵等。从这个角度出发，艺术设计中那些意象的或抽象的造型，其形式作为创造者有意识运用的符号语言，它们试图说明或表征特定的内容，供观看者根据自身的知识经验对形式加以解读和诠释。与联想激发的情感不同之处在于，符号具有既定的含义，是创作者有意识运用的交流语言，因此，只有当观看者与创作者具有同样的"视觉语言体系"，才能正确解读其中含义，如此这个设计作品才具意义。因此，艺术设计师除了使物体更美或者更好用，还承担着"另一个不能忽略的责任，以一种与艺术家相类似的方法创造一种有意味的形式"[1]。比如图 5-26 中芬兰设计师奥伊瓦·托伊卡设计的一组陶瓷器皿，名为"特洛伊战争"，如果观看者对希腊神话一无所知，那么这组设计就对他而言不具任何含义，相反如果具有相应的文化背景知识，就具备了解读设计师符号语言的能力，才可能领会设计的幽默与诙谐。

当然设计艺术造型的意味与纯艺术作品还有一处关键的区别，有时是为了交流某些文化意味或情感体验，而有时却是为了说明其功能上的意味，例如一只汤勺凹下去的部分有时可能仅仅作为盛物的空间符号，而不具什么更加复杂的象征。在设计艺术的造型中，功能符号与文化、情感符号却又往往交织在一起难以区别开来，正如阿恩海姆所说："装饰品的特有形象是所有构成艺术形象的诸部分中的一个特殊部分。在任何一个综合形象中，要想把原物体的形象与附加在这个物体上面的装饰形象完全分开来，是不可能的。[2]"因此，汤勺凹下去的部分既是一种功能的象征，同时也是这一实用艺术作品的装饰形态的一个组成部分，并作为这个器皿整体造型的组成部分，可能同时承载了某种

图 5-26 ［芬兰］奥伊瓦·托伊卡设计，陶瓷器皿"特洛伊战争"

1 ［美］鲁道夫·阿恩海姆：《艺术与视知觉》，滕守尧等译，四川人民出版社，1998 年版，第 193 页。
2 ［美］鲁道夫·阿恩海姆：《艺术与视知觉》，滕守尧等译，四川人民出版社，1998 年版，第 192 页。

文化上的意味。

综上所述，解读一项设计作品给人们带来的情感体验时，可从这三个层次着手，进行分析和理解。

5.3.1 点

点是最基本的造型元素，概念中的点在环境中并不存在，现实的点都具有一定的面积和形状，它是形体中相对面积较小的面。作为造型要素的点，其表现形式无限多，可能是圆的，接近方形、圆的，还可能是不规则的，因此点的情感基调很难一概而论，会根据不同的大小形态而发生变化。图5-27是1981日本设计师田中光一设计的《日本舞蹈》的海报，代表日本歌舞伎眼睛以及代表嘴的点，但却具有不同的表情，同样，图5-28中是工业产品的按键，它们是造型上的点。如果仅从使用的角度看，它们就是一种简单的控制器，易于区分不同功能编码便已足够了，可是它们被设计为不同的形态、色泽、肌理和质感，赋予产品复杂的语意和风格。

点的存在是通过与面的比例而获得确认的，独立的点在形式中起到唤醒注意的作用，它给人的感觉是独立、停顿和游离，显得独立，离经叛道，存在向着四面八方游离的可能，所以大面积空间或留白上的几点总是更容易吸引人们的注意力，如同白纸上洒落的一点墨迹，重重打破了原有的单调和平静，牵引人的视线，作为视觉中心，使人们感觉兴奋。

设计艺术中，点常是设计的关键所在，起到了画龙点睛的作用，例如产品造型设计中的如按键等小部件的设计，室内设计中墙面的一盏设计巧妙的

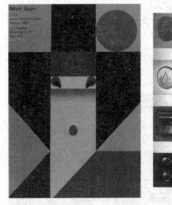

图5-27 ［日］田中光一.《日本舞蹈》海报设计。　图5-28 产品造型中的点：各类按钮。　图5-29 ［法］菲利普·斯塔克.壁橱把手。

壁灯，或者简洁服装上的一点饰品等（图5-29、5-30），这些点在风格既定的整体造型中起到了重音的作用。

两个形状、大小相同的点在一起的时候，之间存在相互吸引和相互排斥的作用，人的视线在两点之间往复；当两点形状、大小不同时，大点首先吸引人注意，而后视线游移后仍会停留在大点上。一定数量的点就存在了聚合的力，形体中多个点会引导人的知觉组织，依照接近律、相似律等知觉组织规律，试图将它们组成完整的"良好图形"。这样，点原本独立的个性被破坏，成为了线和面，在设计中，由点密集而组合的线或面始终带有一种独立与聚合交织的矛盾，这样的造型使人感觉模糊不定（图5-31）。大小呈规律变化的点规则排列时候给人运动感和空间进深感。

图5-30 琼·施林普顿1965年所穿着的一件迷你裙，胸口的别针作为点打破白色迷你裙的单调。

5.3.2 线

平面的线包括了几何线和非几何线两类，其中几何线包括直线、折线和曲线，曲线发展到极端就是圆，它是最圆满的线；非几何线包括了各种随意的线，此外还有三维线，例如螺线等。几何意义上的线只有位置和方向，没有粗细，但作为造型元素的线也如同点一样存在宽窄，它的粗细也是由于与面相比较而存在。

由于线是点运动的轨迹，因此它具有一定的方向感，其情感体验主要便取决于其他的运动属性：速度和方向。

直线反映了运动的最简洁状态，常使人感觉紧张，目的明确，理性而简洁。康定斯基在按照直线给人以冷暖感觉—温度的差异分析直线。他认为有三类典型直线：水平线、垂直线和对角线。直线形

图5-31 点的造型。

145

态中最单纯者是水平线，水平线常使人联想到站立的地平面，总作为一种承载的底或者压制的顶，因此康定斯基认为它"具有冷感的基线。寒冷和平坦是它的基调"，"表现无限的寒冷运动"是它常带来的情感基调[1]。垂直线与水平线是完全对立的线，垂直线挺拔、高扬，康定斯基将它对应地称为"表示无限的暖和运动的最简洁的形态"。除了相对温暖、简洁之外，垂直线还给人以生长、生命力的情感体验，由于向上高扬动势，它还给人以威仪和肃穆，许多高耸的著名建筑就是此类情感体验的例子。除了以上两种直线，第三种典型直线是对角线，"它是表示包括寒、暖的无限运动的最简形态"，其他那些任意的、非典型的直线与对角线相比，它们的冷暖无法达到均衡。除此以外，这些任意直线还具有不稳定的感觉，带有向垂直或水平方向上扬或下倾的动势。

两条直线交叉形成了折线，折线也由于所含角度的区别带有冷暖的情绪，形成直角的折线是最带寒冷感的折线，并且也最为稳定，表现一种自制和理性；锐角的折线最紧张，并且也是最温暖的角，表现积极和主动；超过直角以后，它向前推进的紧张程度逐渐缓和而趋向平稳、安逸，并伴随着一种慵懒、被动，以及一种正走向结束的不满与踌躇。

我们可以通过图 5-32 中靠背椅折叠的线条来说明折线的情感：最大角度，近乎水平线的折线使人感觉舒适安逸，温暖闲散；折线越接近直角，则感觉越来越紧张，当椅背与椅座接近直角的时候，就是最正襟危坐的姿态，感觉紧张而节制。中国传统木座椅就常采用这样角度的靠背，表达了中国礼教文化要求人恪守礼仪、讲究尊卑的传统。

接下来是曲线（或称为"弧线"），它是直线由于不断承受一定比率的来自侧面的力，偏离了直线的轨迹而形成的，压力越大，偏离的幅度越大，也就是一般所说的曲率越大。曲线都具有不同程度的封闭自身，形成圆的倾向，中国有句俗语"宁折毋弯"，其深层的含义暂且不提，至少说明曲线不像折线那样，那锋利的角消失了，弧线包含着忍耐与城府。其中圆的曲率达到最大，

图 5-32 折线的情感。

1 [俄]瓦·康定斯基：《论艺术的精神》，中国社会科学出版社，1987 年版，第 145 页。

其隐忍、含蓄、暧昧的感觉也最为强烈。从另一角度来看，倾向于圆满的势的弧又代表了一种成熟和包容的态度，如康定斯基所说的"弧里隐藏着——应该说是十分自觉而又成熟的能量"。由于曲线所带来的含蓄、温和、成熟和隐忍的情感特质，又使之带有了一种女性的气质，因此女性化设计的一大特点就是运用各种曲线。

美国学者罗伊娜·里德·科斯塔罗在《视觉元素》一书中对曲线进行了周全的区分，分为三种缓慢曲线、四种具有速度感的曲线、三种方向曲线以及独立曲线，如下表所示：

表 5-1　曲线的情感

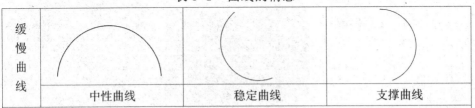

缓慢曲线	中性曲线	稳定曲线	支撑曲线

中性曲线是圆周的一段，因而也是最平淡的曲线，其中稳定曲线给人以平衡、稳定的感觉，支撑曲线给人一种负载承重的感觉。

速度感的曲线	轨迹线	双曲线	抛物线	反向曲线

速度曲线的情绪体验来自其速度的变化，其中轨迹线像是球被抛出时的运动路径或喷射的水龙，开始时为直线且速度很快，随着速度减小而下落。双曲线看起来和轨迹线类似，但是在特性上存在很大不同，开始时直而快，但速度并不是慢慢减小的，而是向着起点转折回去，并且它的能量集中在一点上。抛物线类似而不完全等价于数学上的抛物线，它是轨迹线和双曲线的结合，它的重垂部分不像前者那样强烈，也不像后者那样开扩。它不应该是对称的，不像一个圆弧那样均匀扩张，而是有一些重垂部分。反向曲线是最有趣的曲线之一，具有活力、动感和风格，当有一些斜线运动时会更加有趣。

和独立曲线 方向曲线	悬链曲线	方向曲线	重垂曲线	螺旋曲线

悬链曲线是真正的重垂曲线，重垂位于最低点。方向曲线是折断的直线，它具有很强的方向性。重垂曲线与悬链曲线、方向曲线类似，但是不像它们那样有直边，它的边缘处有些弯曲。

图 5-33 柯布西埃设计的这款椅子，下面的支撑使用了圆弧的一段（中性曲线）给人以稳定、安逸、舒适的感觉。

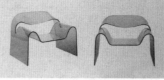

图 5-34 GHOST 扶手椅（1987 年），[意]奇尼·波埃利和 Tomu Katayanagi。这款使用了 12 毫米厚水晶玻璃弯曲而成的座椅扶手采用了优美的支撑曲线。

图 5-35 [爱尔兰]艾琳·格蕾，"S"可折叠扶手椅，几段中性曲线接合形成字母"S"形，分别承担了支撑和稳定的作用。

图 5-36 落地灯的灯管采用了优美的抛掷轨迹线，将光线抛射在一定距离之外。

图 5-37 高速交通工具设计中的曲线处理非常微妙，一方面来自空气动力学的需要，抛物线也被称为"通用汽车公司曲线"，它给这款摩托跑车带来了强烈的速度感。

图 5-38 反向曲线使人的视觉在轴线上来回变化，因而显得灵活有趣，富有动感。

图 5-39 悬链曲线是自然重垂形成的曲线，重力作用带给其最大的形式特征。

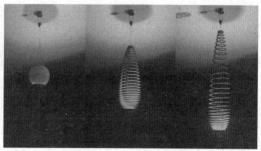

图 5-40 螺线的情感：Ron Arad 协会，运用螺线设计的灯具（2000 年）以及[比利时]霍尔塔，比利时螺线。

最后是螺线，三维空间内的螺线可以看做围绕垂直线攀升的圆弧，因此它既具有如同垂直线般温暖的动态，并且还具有圆弧本身的含蓄、成熟的品质加入其中；另外，由于许多生命的基本结构都近似螺线，它还表现出一种生命进化发展的活力，19 世纪新艺术风格就常以这种曲线作为基本形式，如图 5-40 中著名的"比利时螺线"。

5.3.3 面和体

造型中的基本面分为自由曲面（有机曲面）和几何面。几何面分为二维的面和空间的面，其中二维的面即平面，三维的面主要包括柱面和双曲面（球面）三类基本面为基础。体是由面围合而成，相应也可分为几何体（图5-42）和非几何体（图5-41）。几何体的基本形式包括了长方体（包括正方体）、圆柱体和球体，其他的几何体基本都是在这几种几何体的基础上通过组合、切割、变形而形成的。

图 5-41 ［德］科拉尼，自由形体的椅子。

平面主要包括矩形和圆形两类。矩形是由两组垂直线和两组水平线组成的，根据康定斯基的分析，"当其中一组处于优势时，即基础平面的宽度或高度大于宽度时，寒冷感或温暖感将因此而强烈地反映在客观的音响上……譬如，寒冷感的一方在较强的基础平面（宽幅型）上与显示向上活动的紧张形态重叠时，那种紧张便逐渐'变得带戏剧性'。因为其制止力起强大作用。不过，那种制止作用一超过限制就会引起一种不愉快的感觉，确切地说，是一种难以忍受地感觉。[1]"这说明矩形的两组边存在相互节制的属性，水平一边获得优势则感觉寒冷、节制，而相反则显得温暖、紧张，动感十足。如果我们将组成矩形的四条线区分来说，那么两组水平线可以称为"上"与"下"，两组垂直线称为"左"和"右"。上的作用强于下（例如更粗、更重、更长等），那么图形给人的感觉比较轻松、稀薄，失去了承受重量的能力；反之如果下的力量超出上的

图 5-42 ［意］维科·马吉斯特莱迪，几何形式的 ATOLLO 台灯。

图 5-43 "上的作用强于下"的冰箱设计和"下的作用强于上"的液晶电视机设计。

力量，那么会产生"稠密感、重量感和束缚感"。向上发散的设计往往带给人一种蓬勃的生命力，例如绽放的花朵、茂盛的树林；而向下发散的设计却感觉稠密、稳定，富有重量感，如同植物的根系（图5-43）。左右力量的不均衡可能产生强烈的运动感，或者向左，或者向右，康定斯基认为：左强于右则

---

1 ［俄］瓦·康定斯基：《论艺术的精神》，中国社会科学出版社，1987年版，第176页。

象征着"朝向远方的运动",象征冒险的旅程,而反之则是一种"寻求束缚——回家的运动",这样运动的目的似乎是为了休息。正方形则是轮廓的两组线具有相同的力的均衡形式,因此其寒冷感与温暖感保持着相对的均衡。

三角形可视为一条直线两次折叠或将矩形切割形成,它是最具有方向性,

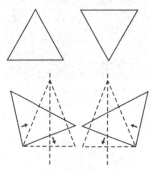

图5-44 正对称的两边所产生的拉力。

以及定义平面最简的、最稳定的几何图形,因此古代中国象征政权稳定的器具"鼎"就采用了这样的结构。正立的三角形可以视为"上强于下"的矩形的一种极端的表现,其稳定性达到了最大。一旦将三角形倒置,就是上强于下的极端,会带来产生极度的稀薄感和不稳定性。而三角形倾斜起来,那么一方面会受到重力的作用而倾向形成"下强于上"的稳定形式,另一方面非正对称的两边会分别对定点产生拉力,使它显出左右移动的动势(图5-44)。

图5-45 [芬兰]阿尔瓦·阿尔托,柱面的甘蓝叶花瓶。

在平面中,内部最静止的是圆,因为它是弧线最终的闭合的终点,也是多角形的钝角不断增加直至消失。柱面是圆在垂直方向生长得来的面,因此截面上具有圆的完整、缓慢的感觉,而在垂直方面则有着生长、支撑的方向属性,因而从不同方位观看柱面,会得到不同的体验,一面是圆满的、静态的,而另一面则类似矩形的体验,因长宽比的不同而不同(图5-45、5-46)。

圆很单纯,也很复杂,中华民族特别钟爱"圆",认为它象征团圆、圆满,即使圆滑,也表明了一种中庸、有节的态度,所谓"外圆内方"就是最典型的中国式人格的体现,代表一种成熟的为人处事态度。球面则将这种体验发挥到了极限,无论从任何角度看,它都是圆满的,因而以球面为基础的各种双曲面虽然生产制造并不容易,但却总是设计师们的最爱。正如毕达哥拉斯学派曾指出,平面图形中最美的是圆形,立体图形中最美的是球体,因为它

图5-46 柱形为主体的阿莱西茶具。

们完整无缺，是最整体的形式。

自由曲面是无显著规律可循、难以简单描述的面，它往往令人联想到生物体，带给人生命力、活力和自由任意的感觉。自由曲面由于过于复杂，不易描述和复制，在工业造型中使用较少。格式塔心理学家和认知心理学家揭示：人们趋向将感觉对象组合为"良好"的完整图形，以及按照一定的预期感知对象，从这个角度看，有机曲面并非最简洁、最规律的形式。但是自由曲面的变化只要没有强烈到突破人对整体形式的知觉和体验时，便能带给人们愉悦，如瓦伦丁对"蛇形曲线"（类似反向曲线）的分析，这种变化并不是冲击性的，"如果某个完整图形足以吸引我们不断加强的内心活动，并较容易地被理解，那么我们会喜欢这个图形中某些线条的迅疾变化"[1]。另一方面，那些暗示生物形态特征的自由曲面，例如苏州园林中的假山、科拉尼的仿生设计，其中形态比例、形态变化具有生物机体形成的潜在规律（虽然这些规律可能仍未被人们所破解），这些生机勃勃的形态也同样能使人振奋、产生积极的应激状态。

与之相对应的是非几何体。非几何体包含具象的体和抽象的自由形体。具象的体常来自对自然的模仿和变形，它们带给人们的情感体验与所模仿的对象带给人们的情感体验密切相关。整个艺术设计史中自然模仿的例子数不胜数，不论是陶器、瓷器还是装饰纹样，基本最初都来自对自然直接或间接的模仿。现代设计将对自然物的模拟发展成为仿生学，这是模仿的内容不仅包含具象形式的模仿，还包含对结构、内在生命机制的模仿，而对于形式的模仿仍是设计艺术中仿生学较为主要运用方面。例如现代玩具设计中常常使用具象的形态，例如动物、植物的拟人形态，憨态可掬的形态迎合了孩子的天真、好奇、对自然事物充满兴趣的特点（图5-47）。

5.3.4 结构

形和体对人们情感的激发，一方面来自要素本身的情感特性，但更重要的还是来自造型要素组合时的尺度、比例和构成——即结构的情感。人

图5-47　[芬]艾洛·阿尼奥，球椅以及其他以球体作为基本形的设计。

1 [英]C.W.瓦伦丁：《美的实验心理学》，选自《艺术的心理世界》，中国人民大学出版社，2003年版，第176页。

们对于结构的情感受到两种相反的应力的作用，其中一种应力使形体趋向"良好"，格式塔心理学家已用各种视觉规律验证了这一点，例如整体律、简洁律、恒常律等；另一种力则是一种破坏整体的应力，它不断向外突破，试图打破整体的完美结构。这两种力的相互作用共同作用于人们对形体结构的情感体验。完全符合良好结构的形，人们会本能地感觉愉悦、舒适、放松和平静；而打破良好结构的形则能吸引人的注意力，产生一定的张力和动感。例如一个完整、对称的体中出现空洞，人们会立刻注意到这个空洞，并试图用自己的视力来补充这个空洞；相反，如果面对一个完整、对称的形，人们又感到乏味平淡，甚至出现一种打破它或使它变化的需要。阿恩海姆曾就打乱平衡的刺激对于机体的影响这样评说道："某种冲力在一块顽强抗拒的媒介上猛刺一针的活动。这就好像是一场战斗，由入侵力量发起的冲击，遭到生理力的反抗，后者挺身而出，拼死消灭入侵者，或者至少要把这些入侵者的力转变为最简单的式样。[1]"

我们在各种设计教材中曾学到各种构成的法则，并且形成认识，通过这些法则，我们能构造出最优美的造型。主要的构成法则有：适度的比例分割，例如黄金分割、对称和均衡、对比与微差、韵律与节奏等，这些法则基本上都是教会我们如何按照视觉最为愉悦的方式来构造形体，比如对称的图形比较均衡、稳重；形式或运动节奏应具有一定的周期性，即韵律；差异应在一定范围之内并应该从属于整体的风格等。如果完全依据这些造型原则构造的形式通常是美的，如希腊、雅典的那些古典主义的建筑。但即便我们不在这里考虑社会、文化、符号、象征等方面信息传递的需要对于物的构成的影响，而单纯从人的感知角度来看，这种对完美形式的追求也不是永恒的，破坏这种完美的需要也同样每时每刻都起作用，人们需要突破和刺激。

格式塔心理学家们首先提出了在物体内部这种突破的力的存在，并认为这些力是具有一定方向性的，比如学者纽曼所提出的"伽玛运动"（图5-48），

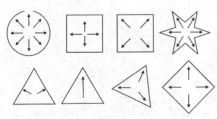

认为这些突破的力通常是从一个图形的中心位置向外部的四面八方发射，类似一种试图拉扯形体，突破形体结构束缚的力[2]。例如图5-49这台著名的、由意大利设计师马尔切罗·尼佐利设计的缝纫机，其造型的灵感来自亨利·摩尔的

图5-48 伽玛运动 （图片来源：阿恩海姆《艺术与视知觉》）。

1 [美]鲁道夫·阿恩海姆：《艺术与视觉》，滕守尧等译，四川人民出版社，1998年版，第567页。
2 [美]鲁道夫·阿恩海姆：《艺术与视觉》，滕守尧等译，四川人民出版社，1998年版，第570至571页。

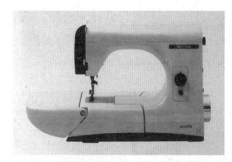 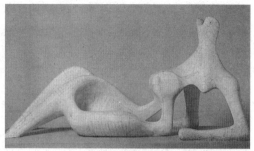

图 5-49 便携式缝纫机（1957 年）以及其灵感来源亨利·摩尔的人体雕塑。

人体雕塑（右），它除了凭借流畅的线条使人视觉通畅，感受到均衡而富有生命的韵律之外，中间明显的空洞破坏了完整的形，产生了一种内收的应力，使人产生紧张感，吸引人的注意力，我们可以将这种破坏整体结构的方式直接叫做——破坏。

其他能造成动感的构成法则除了前面的破坏之外，还有变形、倾斜、模糊边界等。变形，即使原本稳定均衡的形发生扭曲或改变原有的完美比例关系，最典型的例子如巴洛克式中扭曲的凳腿、主杆，就像是将圆柱体拧了一番而形成的，看来蕴涵了巨大的张力。倾斜也是产生动力的来源，我们在介绍斜线或倾斜的三角形的动势时已经涉及这个方面。模糊边界，即几个形体互相穿插，相互破坏对方的完整性。最初，人们可以通过视觉的理解力加以补充，形成所谓的"视觉轮廓"，或分离重合的轮廓，但是当穿插超过人们补充能力的阈限时，就成了一片模糊不定、闪烁的形。例如毕加索笔下的立体主义绘画（图 5-50)、杜尚著名的《下楼梯的裸女》(图 5-51）等，人们只能隐约分辨其中存在着人的形体部件，但无论如何，也难以将这些部件在画面上按照正常的结构组织起来。

有趣的是，两种力之间的较量还可以被用来解释设计艺术构成中的两种对立的风格——构成主义

图 5-50 毕加索笔下被解构的小提琴，《挂在墙上的小提琴》(1913 年)。

图 5-51 杜尚，《下楼梯的裸女》。

153

图 5-52　绳结躺椅。

图 5-53　圆盘椅。

与解构主义，前者重视完美、良好的组织结构，认为每个部分都应该从属于整体的需要，设计应重视个体之间的结构胜于重视个体本身。而解构主义则相反，它提出要重视个体，部件本身，并破坏了部件之间完美的结构，将部件貌似随意、而不依据构成原则加以放置，形成了有违常规的形态，具有强烈的视觉冲击力和趣味感。如图 5-52 和图 5-53 这两把座椅，都是以结构作为最重要的表现方式，前者主要采用了重复而富有节奏的构成方式，而后者则是一种解构主义的设计，貌似杂乱无章的解构略显古怪纷乱。两者形成鲜明的对比，前者优美而均衡，后者则充满动感和张力，是一种刻意的对完美的破坏。

5.3.5 色彩

1. 色彩特性的情感体验

人对色彩的情绪体验比起微妙的图形要素的情绪体验要显著得多，正如马克思所说："色彩的感觉是一般美感中最大众化的形式。[1]"早在牛顿发现了色彩与光之间的关系之前，人们就已感受到了色彩能明显地影响心理体验，使人产生各种情感，并且根据色的物理属性和情感体验，人们还赋予了色彩种种象征的意味。

艺术理论家约翰内斯·伊顿在《色彩艺术》中说："在眼睛和头脑里开始的光学、电磁学和化学作用，常常是同心理学领域的作用平行并进的。色彩经验的这种反响可传达到最深处的神经中枢，因而影响到精神和感情体验的主要领域。[2]"可见，人对色彩的情感体验首先来自对色彩的物理属性直观感知导致的相应心理变化，即对色彩三大属性——色相（hue）、明度 (brightness) 和纯度 (saturation) 的体验。

色相即颜色的性质，它取决于色光的波长。可见光的波长从 380~780 纳米，其中蓝紫色光处于短波的末端，橙红光色处于长波的末端，光波长的色彩感觉刺激，扩张性强，令人兴奋，即所谓的暖色；光波短的色彩感觉宁静，收

---

1 [德] 卡尔·马克思：《政治经济学批判》(《马克思恩格斯全集》第 13 卷) 人民出版社，1962 年版，第 145 页。
2 [德] 约翰内斯·伊顿：《色彩艺术》，杜定宇译，上海世界图书出版公司，1999 年版，第 117 页。

缩性强，即所谓的冷色。主要各色相使人产生的色彩体验可参考下表所示。

表 5-2 色彩的情感体验

色相	情绪体验	典型应用
红色	喜悦 温暖 愤怒 兴奋 危险 刺激	刺激注意力，增进食欲，无限活力
粉红	温暖 女性 安静 甜蜜 温馨	女性，特别是少女用品
橙色	快乐 满足 暖和 力量 积极 亲近	食品包装、警告标志
褐色	可信赖 稳重 严肃 敦厚 忍耐 乏味 沉重	传统家具、皮革制品
蓝色	寒冷 信赖 智慧 宁静 稳定	银行、金融单位、高科技单位、医院
绿色	安静 生命力 新鲜 满足 松弛	动植物制品、环保
紫色	孤独 不自然 不安全 神秘 它具有红色火热的一面和蓝色宁静的一面，因此它的体验和蓝与红的比例息息相关。蓝紫色感觉庄严、高贵；红紫色感觉力量和兴奋	高档时装、包装
白色	冰冷 安全 单纯 干净 轻盈	医院、厨卫设施、电器
黑色	力量 恐惧 深闷 坚固 危险	电子产品、男性用品
灰色	平淡 无刺激 安宁 乏味	

暖色使人感觉物体膨胀，而冷色则感觉收缩，这种因心理因素导致的物体表面面积大于实际面积的现象被称为"色彩的膨胀性"。

纯度，即饱和度，也就是其中添加黑或白的程度。色彩纯度越高，其色相的情感体验越强烈、明显，而加入大量的黑或白便成为了中性色，它们的体验主要取决于明度的高低和所偏向的色相。接近黑色的灰色具有了黑的力量、寒冷和硬度，接近白色的灰色，如银灰则具有白色的冰冷、纯粹、轻盈的属性，中等亮度的灰色是所有颜色中最中性的颜色。

5-54 无彩色的消费电子产品，使用户体验高技术、精确和效率感。

明度是色彩明亮程度,它能影响人们对物体的重量和体积的感受。一般来说,深色使人感觉重量比较重,浅色则感觉比较轻,因此深色比浅色更能带给人们隆重、庄严情感体验,因此那些庄严、肃穆的场所的整体色调通常偏暗。

色彩能直接影响人的情绪。有研究对色彩心像进行量进行分析,发现鲜艳的色彩一般与动态、快乐、兴奋的情绪关系密切,而朴素的色彩则与宁静、抑制、静态的情感关系密切。日本学者相马、富家、千千岩等人利用 SD 法研究了色彩情感效果的尺度(1965 年),发现单色可以提出三种基本因子——活动因子、潜力因子和评价因子。其中活动因子与冷暖相关;潜力因子与亮度相关;评价因子与美的效果相关[1]。利用色彩的这一特性,研究者提出了所谓的"色彩疗法",利用色彩对患者施以心理治疗,例如对忧郁症患者施以红色,对狂躁症的患者施以蓝色起镇静的作用。

2. 色彩对比的情感体验

不仅单一的色彩能使人产生相应的情绪体验,配色也能影响到人们的色彩体验。从色调上来看,互补色[2]毗邻,两色饱和度明显提高,对比强烈,能提高人的注意力和兴奋程度。图 5-55 中瑞士设计师尼古拉斯·特罗斯勒的招贴设计,分别使用了红蓝、黄紫色的互补色对比,使本就纯度较高的颜色更加鲜艳,提高对感官的刺激作用。儿童偏好纯度和明度较高的色彩,因此在设计时也常使用纯色或补色搭配。图 5-56、5-57 的儿童空间和儿童学习机均采用纯度较高的黄绿色调作为基本色调,并缀以互补的橙黄色调作为视觉的兴奋点。与之相反,当色调相近的颜色对比时,两色则会向色环上相对立的颜色过渡,例如红色与橙色对比更接近橙色,红色与红紫色对比则呈偏紫色。

任何色彩与纯度高于自身的色彩对比会降低自身的饱和度,反之,与纯度

低于自己的色彩对比可提高自身饱和度。设计师为了突出设计中的某个部分,往往挑选比周围背景颜色纯度高的色彩,以吸引注意力,例如无彩色的产品上常使用纯色(红色、黄色)等作为重点部件的色彩,或者点缀以纯度较高的颜色。

图 5-55　运用互补色的招贴设计(左:《正与反》,右:"晴空快车"维利索爵士乐节)。

3. 固有色的情感体验

1 [日]藤沢英昭等:《色彩心理学》,成同社译,科学文献出版社,1989 年版,第 45 页。
2 补色是色相环中处于对应位置的色彩。

图 5-56 2004 年宜家家居的儿童房设计。

图 5-57 2005 年韩国设计展，儿童语音设备。

　　某些物体的色彩已成为固有概念，例如红旗、白雪、蓝天、绿树等，这称为这些事物的"固有色"。消费行为学的研究表明，固有色有时能支配人们购买行为 。人们常根据他们对于物品色彩的常识、经验限定色彩的用途，例如金色、银色是贵重金属的颜色，代表高档和尊重；红色在中国文化中代表喜庆和热闹，家用电器则常使用无彩色，以配合大部分基调的家居装饰。固有色一方面固然是对设计的约束，但有时设计师采用非固有色时，设计会在同类产品中显得较为突出，格外引人注意，能迎合某些用户（特别是年轻人）"求新求异"的心理，如果辅以性能优良、造型精美，反能流行一时，如鲜艳的纯色冰箱（图 5-58）以及翠绿的手机（图 5-59）。

　　此外，固有色还是色彩联想产生的基本原因，人们由于物体具有的固有色将它与该物体联系起来，但联想的内容则因人而异，受到年龄、性别、兴趣、经验、性格的影响。一般来说儿童由于接触社会有限，联想多是身边具体的事物，而随着年龄增长，阅历丰富，思维能力的提高，联想的范围不断扩大，

图 5-58 采用红、黑、蓝、黄等原色的冰箱。

图 5-59 厦新手机，采用别出心裁的翠绿色，并镶嵌金边，迎合年轻女性求新求异的心理，畅销一时。

157

并且从具体的事物发展到抽象的、文化的、社会的方面。例如儿童看到黄色可能联想到蛋黄或者月亮，而成年人则可能联想到明朗、凡·高的《向日葵》等需要一定文化素养的内容。

蓝色：蓝天、海洋

白色：白雪、墙壁、白云、白雪、医院

黑色：黑夜、黑板、黑发、乌鸦、皮具

橙色：橘子、阳光、柿子、少女

色彩的联想导致人们会对色彩产生一定的好恶情感，瓦伦丁在《美的实验心理学》中提到这样一个例子：一个学生认为当她把绿色看成是绿黄色的时候，便会厌恶绿色；而当把绿色看成是秋天树叶上常见到的褪了色的褐绿色时，便会喜欢绿色[1]。从这点我们看出，主体对于联想内容的记忆、所持的态度对他们欣赏这些要素而产生的情感具有重要的影响作用。

4. 色彩象征与情感体验

色彩联想的抽象化、概念化、社会化导致色彩逐渐成为了具有某种特定意义的象征，成为文化的载体。闻一多先生曾撰写诗歌——《色彩》，赋予几种明确的色彩以人的情感，将它作为生命感的代名词。

生命是张没价值的白纸，

自从绿给了我发展，

红给了我热情，

黄教我以忠义，

蓝教我以高洁，

粉红赐我以希望，

灰白赠我以悲哀；

再完成这帧彩图，

黑还要加我以死。

从此以后，

我便溺爱于我的生命，

因为我爱他的色彩。

色彩之所以能成为概念、理念、意志的象征，最初是由于其感觉上的特征使人联想到某些物质的固有色，后来，色彩成为了某些基本物质的象征符号，与人的宇宙观和世界观密切联系了起来，这种效应可以称为"同源同构互感"。

1 [英]C.W.瓦伦丁：《美的实验心理学》，选自《艺术的心理世界》，中国人民大学出版社，2003年版，第170页。

例如阴阳的概念，冷色使人感觉阴冷，象征"阴"，而暖色使人温暖，象征"阳"。五行的金、木、水、火、土则与物质的固有色联系在一起，树木为青，火焰为赤；冶炼的金属为白，深水为墨色，泥土为黄色，这么一一对应起来。类似还有古人将色彩与时间、空间也对应了起来，例如"春为青阳，夏为朱明，秋为素秋，冬为玄武"等。

图 5-60　清代龙袍，明黄基色象征皇权，上面的纹样采用五色体系。

其次，色彩的象征还存在一个社会化的过程，色彩激发的情感带有显著的社会、阶级、文化的意味。不同历史时期和不同地区，人们将色彩作为了信仰、崇拜、阶级的符号。例如中国古代社会就有所谓的"夏朝崇黑，殷代尚白，周朝敬赤"的说法，代表了不同统治阶级的观念和意识形态，如果要追述这些色彩崇尚形成的根源可能非常复杂，它关系到当时的国家产业、物质条件、自然环境、民俗民风、文化传统、统治阶级的意志等复杂的、来自物质基础和上层建筑诸多方面的因素。例如中国北方农村，人们喜欢大红大绿浓烈的色彩，因为与那里土地干涸、植物很少、自然环境灰暗有关，人们需要用鲜艳的色彩丰富生活，激发欢快的情绪；到了江南农村，那里山清水秀，草木丰美，人们则追求黑白的朴素色调，体现一种质朴高雅的文秀之气。中国传统对黄色的崇拜可以追述到先秦时期的宇宙自然观念，"天谓之玄，地为之黄"，黄色是土地的颜色，是中央的颜色（图 5-60）。

当颜色被赋予了符号的意味，成为人的身份、地位、背景、族类的象征之后，在统治森严的封建社会，就形成了严格的制度，成为自上而下都不得不遵守的规则，在中国，即使作为最高统治者的皇帝也不能轻易打破色彩使用中的符号规定。例如唐代，"柘黄为最高贵，红紫、黄绿、黑褐等而下之，白色则无地位"，二品以上为紫，五品以上为绯，六七品为绿，八九品为碧。颜色作为符号的象征，使人们对于色彩的感情夹杂了更多地对其意义所产生的情感，人们看到黄色龙袍时所产生的敬畏之情，更多来自"九五之尊"的崇高和威仪。

色彩的象征意味因不同民族、地域、统治阶级存在巨大差异，例如元代的蒙古统治者崇尚白色，白色是最崇高的颜色，到了明代，统治者又恢复了汉民族文化中对"黄色"的崇尚。欧美人崇尚白色，认为白色象征纯洁的灵魂、上帝的意志；而中国传统上则将红色、黄色视为国色，将白色视为丧礼的颜色等，这类的例子数不胜数。

从色彩的自身属性来看，红、黄、蓝是所有色调的基础，也是每一种色彩文化语言的基础，这三种颜色色相明确，不带有一丝含糊，因此常作为某些主题、思想、民族、精神的象征；黑色、白色作为无彩色，也具有非常明确的色彩属性，并且给人感官刺激最为强烈，因此也常被赋予象征意义。而其他颜色，往往是原色或与黑白混合而成，由于混合的比例不同，色彩给人的感受也不尽相同，略带含糊的意味。例如，中国古代色彩中就划分了所谓的正色和间色，正色就是五色，它们具有明确的象征意义；间色则是其他的颜色，例如绿、灰、紫、橙等，正色为上，而间色为下，《礼记·玉藻》中记载，"衣正色，裳间色"，体现"上尊下卑"。现代企业也喜欢使用那些明确的色彩作为企业的标准色[1]，代表一定的理念、精神和含义。IBM 公司被称为"蓝色巨人"，因为蓝色象征了未来和科技主题；与环保相关的产品被冠以"绿色"，如绿色家电、绿色房屋等，绿色象征了环保、节能和可持续发展。

5.3.6 材质和肌理

材料原本并没有情感，它的情感来自人们对它的材质产生的感受——即质感。材质，是材料自身的结构和组织，质感是人们对于材料特性的感知，包括肌理、色彩、光泽、透明度、发光度、反光率以及它们所具有的表现力。不同质感带给人们不同的感知，这种感知有时还会引起一定的联想，人们就对材料产生了联想层面的情感。

人类多年来利用材料造物，选择材料首先固然是依据各种材质的物理属性，另一方面还依据这种材料在多年的造物史中不断运用而被赋予意义。例如中国古代君子佩戴玉器作为装饰，而非同样珍贵的宝石、金银，一方面与玉材质晶莹剔透、宁碎而不曲的物理属性相关，但另一方面也与多年来人们使用并赋予的意义密切相关。

1. 金属

金属材料使用历史悠久，种类繁多，一般而言它们共同的特点是表面富有光泽，具有特殊的亮度，特别是那些工艺精良的金属，表面明亮犹如镜面，具有很强的反射性，延展性。金属制作的工艺很多，它可以浇注成任意复杂的形式，并获得模具上的纹理，也可以通过冲压、切割、镶嵌、焊接等工艺造型，其可塑性极强。

---

1 由于调色技术的发展，色卡以及数值控制能使其他颜色也保持稳定，其他颜色现在也可被使用作为象征色。

　　不同金属材料的质感差异很大，我们可以根据它们的色泽，简单分为黑色金属，以铁为主；其他金属由于有着不同的色泽称为有色金属，例如金、铜、银、锌等，其中暖色显得华丽、富贵，例如金和铜；白色雅致、含蓄，例如铝和钛；青灰显得凝重庄严，如青铜。它们带给人们的情感体验各不相同，正如澳大利亚日裔艺术家船木麻里所说的那样："我使用黑色的软钢或者金，软钢给人冷峻和锋利的感觉，金则华丽而柔和。我的兴趣在于这些材料所提出的矛盾。每一件作品我都用完全相同的方法来制作，让它们述说同一种视觉语言。[1]"

　　其中铂、金、银等贵重金属，它们很少能与其他化学元素发生反应而改变其属性，因此很难在自然界中找到，又由于它们自身的质感属性，例如延展性、可塑性强，质感华丽，富有光泽，自古以来就被当做权势和财富的象征，古代帝王、贵族喜爱使用它们制作为用具、器皿，宗教仪式为了显示其神圣肃穆常使用它们制作礼仪道具，即使是一般老百姓，也会以拥有贵重金属制作的用具或装饰品为荣，这些金属一般能引起人们的渴望和愉悦，并且使用它们作为材料的物品不仅由于其自身的华丽而使人赏心悦目，同时也由于它们所带有的价值、文化习俗以及象征意义还常诱发人们的夸饰和炫耀的情绪。马克思在评价贵重金属的属性时曾就为什么金银被作为货币的形式固定下来而谈及金银的美学属性，他说："……它们的美学属性视它们成为满足奢侈、装饰、华丽、炫耀等需要的天然材料，总之，成为剩余和财富的积极形式。它们可以说表现为从地下世界发掘出来的天然的光芒，银反射出一切光线的自然的混合，金则专门反射最强的色彩红色。[2]"特别是黄金，没有任何一种金属能像它那样凝结着鲜血、眼泪和汗水的历史，人们对于它的情感极其复杂，既有渴望拥有，又厌恶其作为"财富"符号的庸俗。铂，闪烁着灰白的光泽因而又名白金，它比黄金更加稀少，由于它是最稳定的金属元素，具有恒久不变的物理属性，因此人们常将它视为"永恒承诺"的象征，作为结婚戒指的制作材料。银是储量多、较便宜、应用较广泛的贵重金属，它表面发出淡淡的白光，显得纯

图 5-61　黄金饰品，带给人们高贵、华丽、奢侈的情感体验。

1 郑静、邬烈炎编：《现代装饰艺术》，江苏美术出版社，2001 年版，第 23 页。
2 选自《马克思恩格斯全集》第 13 卷，人民出版社，1962 年版，第 145 页。

图 5-62 [德]贝伦斯，黄铜水壶。

图 5-63 青铜毛公鼎（西周晚期）。

洁雅致，它不像黄金那么炫耀，同时由于储量大、应用广，也不像黄金那么容易激发人的欲念，因此时尚女性更愿意选择它作为饰物的材料。而以往的有一定经济实力的家庭也常选择银制作餐具，一方面由于其良好可塑性，另一方面也由于它具备消灭病菌的能力，也就是我们中国传统中所谓的"鉴别毒物"的能力。

铜是一种有色金属，呈淡玫瑰色乃至红色，从表面质感来看，加入 15% 以上锌的黄铜会显现出类似近黄金的明亮色泽，加入了镍锌铜的合金称为"新银"，它会发出白银似的白光，因此有时人们会使用黄铜作为黄金的替代品，模仿奢侈的黄金制品，以新银作为材料制造餐具，来替代昂贵的银器皿，这些仿制贵重金属进行设计的器物虽然表面上能带给人们类似贵金属般视觉感受，但价格低廉，适合大众使用，因此设计的情感体验更加平民化、生活化（图 5-62）。在铜材料家族中，还不得不提到一种最具历史感类别——青铜。青铜是铜与一定比例锡、铅的合金，色泽为青灰色，光泽不太强烈，由于它适合铸造，因此古代统治者常用它来制作巨大的礼器，并且装饰符号神秘、诡异，显得造型朴拙凝重，颇具体量感（图 5-63）。

钢铁，这也许是我们最习以为常的金属材料了，它们遍布我们生活的各个方面。钢铁很坚韧，"坚"说明它承受应力的能力很强，"韧"指它在承受较大负荷的情况下也不断裂，由于钢铁坚韧的物理属性以及丰富的储量，使之成为制作各类生产工具、支撑建筑的基本材料，人们常说坚强如钢就是钢铁所带来的最典型的情感体验。其次，钢铁从诞生开始就被用来制造武器和工具，并且是那些带有锋利切割功能的工具，例如刀剑、斧子、犁头等，寒光凛冽的铁制品常使人感到冷酷无情的体验，具有效率感和功利性。不锈钢是通过在钢中加入合金元素，对其表面耐空气氧化能力得到改良而获得的一种金属材料，也是目前在日用器皿设计中用途较广泛的一种材料。不锈钢与一般钢铁相比，表面精致细腻，能在更长时间内保持明亮白色泛蓝的金属光泽，并如镜面般倒映周围的环境，使人产生冰冷、疏远、精密、品质卓越的情感体验，有时不锈钢还能作为首饰及装饰品的制作材料，不锈钢首饰以其冷峻的质感受到了追求独立个性的年轻人的喜爱（图5-64）。

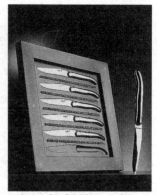

图5-64 ［法］菲利普．斯塔克，不锈钢小刀。

高科技产品则常使用铝、钛、镁等轻金属及其合金作为制造材料，这些材料最大的特点在于轻巧坚固，特别适合于那些科技含量较高、并要求便于携带的现代数字设备，例如电脑机箱、笔记本电脑以及手机等（图5-65）。这些材料常表面泛优雅的白光，质地细腻，这令它成为了金属中最具有时代感的一类。当设计师试图表现未来、太空、宇航、数码技术等主题时，常使设计物（甚至包括衣物、塑料等）呈现出这些金属的典型质感，因此，它们所激发的最典型的情感体验就是科技感、时代感与未来感。

金属给人带来的情感体验除了本身的材料质感之外，还有另外两个重要因素：加工方式及与相配材料的相互影响。从加工方式来看，通过浇铸方式塑造的金属制品凝重、表面装饰耀眼，给人产生庄严、肃穆之感；而采用冲压的方式将金属片弯曲成型塑造的制品则富有轻盈而富有弹性，尤其是将金属材料加工成丝，编织成家具或器皿更显灵巧精致；表面经过抛光、镀铬等处理的金属制品，如不锈钢器皿如镜面一样光洁，显得简洁精密，极富理性美；而表面通过腐蚀、打磨、锻打、刻化等肌理工艺处理的金属表面则带有朦胧的金属光泽，显得含蓄而华贵；现代的家用电器表面虽然使用金属外壳，却常常经过喷涂，失去原本的金属光泽，却具有了无限的色彩可能（图5-66）。

图5-65 Apple G5 铝质机箱。

金属还常与其他材料搭配使用，这些材料组合

图5-66 ［英］马西莫·伊奥萨·吉尼，吉尔诺水龙头，不锈钢材质。

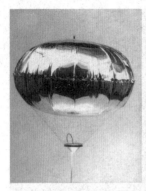

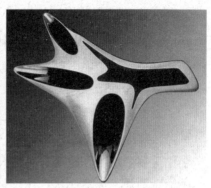

图 5-67　金属质感的塑料薄膜，具有科技感和未来感。

图 5-68 [意]哈里·贝尔托亚，钻石椅，使用钢质金属丝制成，轻盈明快。

图 5-69　[丹麦]汉宁·古博，银质胸针，使用白银作为素材，胸针造型充分利用金属的可塑性，自由流畅的线条体现流动感。

使用后所能激发和传递的情感更加丰富。例如金属镶嵌宝石或玻璃时，金属与宝石、玻璃的光泽相互辉映，因折射、反射更显得璀璨夺目；现代主义设计中的家具常使用钢管与皮革、帆布或藤等天然材质配合制作沙发或座椅，皮革等自然材料温暖的属性能对冰冷金属带给人冷漠的情感稍做平衡（图 5-67、5-68）。

最后，设计师面对金属材料会产生锻造的"自由感"，金属多样的加工性能使他们具有了无限的发挥空间，融化的金属在模具中自由流淌，最终凝结成为各种造型，或者通过不断捶打，金属可以工匠无法完全事先预料的方式加以回应，最终金属材质优良的可塑性不仅能使设计者和制造者产生自由创作的欲望，并在最终造型中表现出一种瞬间的凝固——动感（图 5-69、5-70）。

2. 玻璃

玻璃，是一种变化莫测、可能性极大的材料。首先，玻璃如同金属一般，在高温下可融化为黏稠的浆状液体，冷却后能获得模具的形态，包括表面的

图 5-70　因戈·莫瑞，灯具，充分利用了金属的延展性，自由的有机形态给人带来无限想象的空间。

细节，它不仅能塑造成各种形态，而且表面的花纹、图案也多种多样，具有极强的可塑性和装饰性。其次，玻璃表面光亮，具有一定的透明性（包括透明和半透明）、透光性，并且能折射和反射光线，由于所添加的金属元素不同，玻璃能具有五彩斑斓的色彩。它是一种适用范围很广的材料，不仅被广泛应用于家居器皿的设计中，而

图 5-71 基督教堂的彩色玻璃镶嵌画。　图 5-72 加拿大信托公司大楼内部。

且在建筑设计中应用广泛，哥特式教堂应用彩色玻璃作为建筑的主要装饰材料（图 5-71），光线透过色彩斑斓的彩色玻璃窗照入幽暗的教堂内部，使教徒感到神圣庄严。

图 5-74 香奈儿 5 号香水瓶[2]。

到了 20 世纪，现代主义建筑，由于对光影效果的极其重视，更将玻璃作为与钢筋、混凝土并列的现代建筑最重要的材料之一，大面积的长排玻璃窗、玻璃幕墙使室内明亮通透，光影流动，充满动感（图 5-72）。

玻璃材质的情感体验首先就在于其流动感，这种流动感先来自光线，没有其他任何材料如玻璃那样依赖光线，光与周围的环境对玻璃的视觉效果影响巨大——透光、折射、反射，并倒映周围的环境的幻影，这使得玻璃在明亮时显得璀璨而光彩照人；黑暗中散发幽光，充满着神秘色彩；而当作为光源的包裹时，通体透亮，晶莹剔透，闪闪发光（例如灯罩的设计）。其次，液体也具有类似玻璃的透明性、折射和反射性特性，因此人们喜欢使用玻璃作为盛纳液体的容器，例如香水瓶、酒杯等。原本坚硬的玻璃由于内部液体的摇曳加强了光线的折射与反射，显得更加神秘、变幻莫测，那些容纳了昂贵液体的玻璃容器常给人奢靡、妩媚、动态、轻盈的女性美（图 5-73 、5-74 ）。最后，由于玻璃在高温下处于一种熔融状态，可如同岩浆般任意流淌，这使玻璃造型有可能出现美妙的自然形态和色泽，显现一种流淌的、动势的、凝固时间的美感。

1 ［芬］莎拉·霍比 1956 年设计的 Pantteri 玻璃花瓶，该花瓶本身造型简洁，但斑驳的青绿色自然形成的花纹，以及表面凹凸的纹样，随着光影变换，具有流动的美感。
2 香奈儿 5 号香水瓶，简洁的玻璃器皿盛着贵重如黄金的液体，神秘、优雅、高贵、富有女性气质。

图 5-75 玻璃地板，轻薄、脆弱，看上去有些危险，使人产生新奇、冒险的体验。

图 5-76 [日]安藤忠雄，室内设计，大面积的玻璃窗使室内外融为一体，空灵虚无。

一般的玻璃触感凉如冰块，坚硬、透明、脆而易碎，带给人轻薄、脆弱的感觉，因此人们在与之发生互动时总是小心翼翼。虽然现代材料工艺对玻璃进行了改良，出现了强化玻璃、防弹玻璃等不再那么易碎的玻璃材料，但它易碎的特性早已在人们理念中根深蒂固。例如某些建筑的内部装饰使用强化玻璃作为地板材料时，却发现来访者常绕过这些玻璃，这就是玻璃脆弱感的体现（图 5-75）。

完全纯净透明的玻璃使人产生虚无感，甚至有时无法感觉物的存在，在建筑设计中，这种虚无感能拓展视野范围，使室内光线充足，内室与外景融为一体，例如那些使用了大面积玻璃门窗的建筑。而那些半透明的，或者只透光不透明的玻璃，则使内部物显得若隐若现，奇幻而具诱惑力（图 5-76）。许多灯具利用玻璃的这一属性，用半透明的玻璃灯罩减弱光线的强度，既避免过度刺激眼睛，同时这样透出的光柔和均匀，使整个家居温馨，并具有一定的私密性；另外室内设计中还利用这一特性设计半透明的玻璃隔断，特别是洗浴间的设计。

玻璃的特殊属性在黑暗的环境中表现得最为明显，因为那时它的透光性、透明性、折射性和反射性都表现到了极致。幽暗中的玻璃能像镜子一样反射出周围的物体，又由于玻璃物品本身的形状凹凸转折，使反射出的镜像能变形扭曲，出现意想不到的效果，显得光怪陆离，甚至恐怖，常被作为在现代都市丛林中迷失、落寞的隐喻。

3. 塑料

塑料是一种彻底的人造材料，不像金属、玻璃或者木材，它在自然界中原本几乎不存在，而是人们通过天然材料的合成、改性，有时还增加某些添加剂而得到的固体材料。由于配方不同，塑料是一类庞杂的合成材料的统称，它被广泛运用在人们日常生活、工作的各个方面。

塑料自由度极高，不论是热塑性还是热固型塑料最初都可以受热而变成熔融状态，被塑造成任意形状，只是后者经一次受热后就不再具有可塑性。使用塑料作为材质塑造形体，无论是具象型还是抽象型，几何型还是流线型，都很容易；并且从表面质感处理上看，它易于着色和进行各种表面处理，这使它的表面肌理也如同造型般一样具有极高的自由度，可以光洁明亮，也可以呈现各种凹凸肌理，还可以磨砂后泛出朦胧的光泽。由于塑料自由造型的属性，它可以塑造出线条流畅、起伏极大的自由曲面，那些优秀的自由曲面及其形成自由形体常能给人雕塑般的美感。图 5-77 是丹麦著名设计师维纳·潘顿设计的，以他自己的名字命名的塑料椅，潘顿一直致力于探索新材料的设计潜力，特别是塑料，因而设计出不少富有表现力的作品。这张 1960 年设计的潘顿椅是世界上第一张用塑料一次模压成型的 S 形悬臂椅，线条流畅，动感十足。此外，那些表面光洁艳丽、造型夸张的彩色塑料制品，例如儿童玩具、餐具或者后现代风格的塑料家具，它们或显得幽默诙谐，或显得童稚可爱（图 5-78）。此外提到塑料材质所带给人们的一种童趣——轻松、时尚的感情时，不能不提到自 1999 年的苹果电脑设计糖果色所呈现的那种漫射、半透明的效果，之后，苹果 G4 则走上了一种简约、高雅的路线，仍是漫射、半透明，时而呈现雾蒙蒙的乳白色效果，给人以高雅、简洁的情感体验。可见，随着塑料制造技术的发展，它的品种越来越丰富，能带给人们的更多、更丰富的情感体验。

塑料与其他材料相比较为柔软，质地轻盈，在一定负荷或一定温度之下会弯曲变形，因此一般塑料都不能作为过度承重的材料，它给人一种柔软、温和、轻巧、灵活的情感体验。通过对家具材料的分析，发现使用塑料材质的家具一般为公共座椅、儿童座椅、移动式的橱柜等，而那些需要长期固定、或体现格调与品味的高级家具则通常不选择塑料。

图 5-77　［丹麦］维纳·潘顿，潘顿椅，1960 年。

图 5-78　［意］马可·扎奴索，里查德·萨帕，K4999 可堆积的儿童椅，1969 年。

167

图 5-79　美国摩托罗拉公司近期推出的一种价格仅为 9 美元的一次性塑料手机。

图 5-80　七喜塑料瓶，20 世纪 70 年代，便宜的 PET 塑料瓶被用来盛放苏打水，使原本比较昂贵的玻璃瓶或听罐装的七喜饮料因价格下降而销量剧增。

塑料是最具模仿性的材料。它能较为逼真地模仿玻璃、陶瓷、木材、竹材、皮革等多种材料，从视觉效果上来看，它与模仿对象非常类似，比如模仿玻璃的塑料晶莹透亮，也同样就透光性、反射性、折射性等属性，有时人们无法凭借视觉分辨究竟；同样，塑料模仿的木材、皮革等材料也是如此。并且由于塑料的成本远低于其他材料，它常被作为更加珍贵的天然材料的替代品，甚至用来模仿动植物，例如塑料花、鸟等。但是它毕竟是一种人造的化学材料，不论是手感和质感仍然与模仿对象存在较大差异，这种迷惑人眼的属性却使它与"附庸风雅"、"偷工减料"等负面情感体验联系在一起，事实上这只是经由塑料材料折射出了复杂的人的社会心理属性。

从以上特点来看，塑料似乎是万能的材料，但在很多场合下，它并不被当做一种高级材料，塑料制品常等同于通俗和廉价物。这是因为：首先，塑料是一种人工合成的材料，制造成本不高，价格低廉，是一种真正的大众材料；其次，作为一种人造材料，它缺乏木材、金属等传统材料固有的历史底蕴和文化意味，它从产生之初就与机器工业生产息息相关的，作为较为昂贵的天然材料的替代品而出现，在那些重视品味的精英文化看来，它表示粗俗和平庸。因此，即使人们每天都使用塑料餐具进餐，但如碰到仪式或其他庄严正式的场合时，他们则会从壁橱中拿出平日小心珍藏的银质、铜制、陶瓷、玻璃餐具代替塑料制品；第三，多数塑料的耐久性并不好，它们会在使用中缓慢变形、色泽黯淡、发黄，变旧，表面涂层会逐渐脱离而渐显斑驳，例如那些喷涂成为金属质感的塑料手机的外壳；另一方面，透明塑料会随着使用时间延长而导致透光性下降，因而塑料制品往往在其使用寿命之前就失去了用户的钟爱，是一种"工业计划废止制度"的典型材料。

由于塑料低廉的造价，以及优良的模仿性——从表面上看它可以具有多种属性，并且容易成型，还常作为一次性器具的主要制造材料，小至筷子、饭盒，大到相机手机，但又由于塑料不易消解，容易带来环境污染等问题，也遭到不少环保人士的反对。

4. 木材

木材是一种非常珍贵的自然资源，从一棵幼苗成材至少需要几年，有些珍贵的树种甚至需要几十、上百年，虽然树木可以不断成长成材，但如果过度采伐仍可能带来环境破坏方面的问题。最珍贵的木材往往是那些生长缓慢、纹理优美、质地坚硬的珍贵树种，例如檀木、胡桃木、橡木等，在欧美的上流社会，木材被看成地位的象征。英国设计师克里斯莱夫特瑞在对木材设计的分析中提到："在美国，人们常常从一家办公室的家具中看出这家公司的业务信任度，木材成为了品质、安全性与可靠性的代表。[1]"例如胡桃木，由于

其表面的纹理独特细腻，并且质地致密，富有异国情调，历史上常被用来制作英国绅士的手杖，以体现其身份地位，直到现代，那些最高档的豪华轿车内部仍使用它作为内饰，是典型的"有限阶级"符号材料。

木材种类繁多，具有丰富多彩的肌理和色泽，但由于木材纹理本身自然优美，人们一般并不愿意在上面进行涂装，而更偏爱直接罩以清漆，以体现其自然的质感和纹理作为装饰，这使得曾经具有生命的木材能给人以生命的韵律，自然、原始的体验（图 5-81、5-82、5-83）。

图 5-81 丰富多彩的木材质。

图 5-82［美］马克·纽逊，蒸汽弯木椅，1988 年。

5-83 明代黄花梨木透雕靠背圈椅和黄花梨四出头官帽椅，表面罩以清漆，体现材质本身的优美质感，给人庄重典雅、沉稳自然的情感体验。

1 李正安：《陶瓷设计》，中国美术学院出版社，2002 年版，第 4 页。

　　研究人员通过针对木材的科学实验发现，木材能吸收湿气，平衡磁力，吸光、吸热，对人的自律神经系统具有调节作用。从视觉感觉上看，木材触感柔和、温暖，适合营造温馨的家庭氛围，以上特点使它成为家具制造业以及室内装饰中最常使用的材料。中国历史上最著名的明代家具的重要特色之一，就是使用珍贵的木材，注重选材配料，重视材料本身的肌理和色泽。北欧斯堪的纳维亚五国，由于地处北极圈附近，气候寒冷，使得人的大部分活动都处在室内，因而北欧人特别重视温暖温馨的家居生活，触感温润的木材自然而然成为了他们的首选。北欧许多设计大师都以木材家具的设计而闻名世界，例如维纳，他设计的儿童椅、中国椅、孔雀椅、Y椅、牛角椅等著名设计都是采用木材作为主要原料的，它充分利用了木材易于加工的特点，使用了优美的有机线条，显得优雅、含蓄、温暖、舒适，使用户的身心体验都获得极大满足。

　　木材的加工性能优良，主要制作工艺包括直接砍伐、锯开、钻凿、弯曲等，其中，当木材的厚度和弯曲半径控制在一定范围内，可以不作任何处理而弯曲，并且如果使用蒸汽还可以增加弯曲的厚度和曲率，现代工艺的发展还能将薄薄的木板合成夹板，具有更良好的弯曲性能。多样的加工工艺使木材造型具有了极大的自由度，不仅使其能被直接塑造成厚薄不均的各种器物的形式，而且它还是艺术设计中制作产品模型的最佳材料之一（图5-84）。

　　木材质中最具有东方风韵的应算是竹材质，中国人对于竹子及其制作的器物具有特殊情感。首先，竹器不像檀木、梨木、桃心木等贵重木材，它在中国南方地区生长普遍，价格低廉，艺人们可以使用各种竹子作为原料，加工为竹条、竹段，最终制成桌椅、躺椅、筐篮等多种器具，这些竹器造型间接质朴，经久耐用，是最普遍的民器之一。

　　竹材触感清凉，并带有竹香，在南方常被用来制作的床或凉席，夏季人们喜爱将身体直接贴于竹床上以最大限度地享受竹质的清凉，湖南、湖北、四川等地的日常百姓几乎家家如此，在炎热的夏季形成了一道特别的风景。

　　从竹子本身的物理属性来看，它比木材质轻巧柔软，在高温后易于弯曲，冷却则能定型，艺人们利用这一属性将竹竿弯成任意曲线，形成各种器物的骨

图5-84　木模型。

架，再在骨架的空隙中，镶嵌或拼贴各种竹节，技巧高超的艺人能在竹节的填充过程中创造各种生动的纹样，这些纹样从原理上能加固竹器的结构，从外观上能使人感到虚实交错，显得轻灵秀雅，生动活泼。

中国人对于竹材质的情感也不仅仅来自对其物理属性的感受，还在于其被赋予的文化意味，竹，与梅、兰、菊并称为"花中四君子"。所谓"疾风知劲竹"，竹子在一定压力下虽弯曲却不折断，并且姿态挺拔俊雅，劲节清高，其姿态可类比于中国文人所崇尚的节操和傲岸。因此，竹制品带给人们的不仅如上所说的感性情感体验，同时，它还使人联想起高洁的文人气质，格外受到中国文人雅士的青睐。直到现代，东方的环艺设计师为了在居室中营造雅致清幽的气氛，仍非常偏爱竹制家具和器皿。

5. 陶瓷

陶器，是黏土经水调和后经大约 1000°C 的温度烧结而成；瓷器，是使用特定的瓷土——高岭土同样先塑造成型，再经过高于 1250°C 的高温烧结而成。由于原料和烧结的温度差别，瓷器比陶器制作更加精良，表面吸水率较低，有一层结晶釉，因此显得质地更加细腻，扣击时能发出清脆的声响。

在英文中，"中国"（china）即瓷器，可见瓷器在某种程度上而言，已经成为了中国的文化的象征，是一种典型的、代表中国文化的器物。谈到陶瓷的情感体验，首先就是其任意可塑性所能带来的塑造、创造的神奇体验。在陶瓷成器以前，它们都是黏土，加入适量的水分后能在外力作用下任意发生形变，被高温加热后就会发生质的变化，成为质地坚硬、耐高温、耐腐蚀的陶瓷。当它还是黏土的时候，具有一种诱人任意塑造的魔力，正如橡皮泥历来是孩子最为钟爱的玩具，即便成年后，人们仍然享受柔软的泥土在自己的亲手捏揉下缓缓成型的创造感，最后成器的物所留下的塑造痕迹，体现了设计、造物的过程以及每个细节，这也是近年来"陶瓷作坊"成为年轻人最时尚的游戏的潜在原因。我们是否可以这样理解，制作陶胚的过程，近似于人与柔软的泥土之间的交互游戏，最终黏土被烧结成器皿，达到一种质的飞跃，充分满足人们的创造欲望。在中国神话中，女娲造人就类似于陶胚制造的过程，用黄土坯捏成了男人和女人，烧结后发生质变而成了活生生的人。可见，在中国的文化传统中，黏土变为陶瓷的过程是一个神话的、赋予生命力的过程。

陶瓷材料最大的弱点就是脆性，类似玻璃（在某些广义的陶瓷定义中，玻璃也是陶瓷的一种），容易破裂，特别是那些制作工艺最精良的瓷器，人们用

171

"类玉似冰"（青瓷）、"类雪类银"（白瓷）来描述这些瓷器，这既说明其珍贵以及高雅脱俗、晶莹剔透的美感，也说明了其易碎性。

从质感来看，典型的陶与瓷略有差别。陶气孔率较大，吸水率较高，强度不如瓷，色泽不如经过多次淘洗而得到的瓷那样洁白细腻，但是陶土的可塑性胜于瓷土，能显现"更为含蓄丰富的色彩和肌理，有助于体现平和与质朴的情调。中国最有特色的陶器之一应数紫砂陶，它质地细腻，不上色，不施釉，表面亚光，体现了陶质的天然的大雅之风，深受文人雅士的钟爱，他们因而常在紫砂壶上题词、绘画、篆刻、雕刻等，使紫砂壶从一般的盛水器物逐渐演变为一种文化的符号，更多用来供主人"清供"和"把玩"（图5-85）。

瓷从品质上而言则似乎优于陶，极品的青瓷"青如天、明如镜、薄如纸、声如磬"，代表了人们心目中瓷器所应具有的美学标准。由此可见，瓷器带给人们的情感体验是一种综合性的体验，包括了形、色、声、质等诸多方面。最为人们所熟悉的是被称为"细白瓷"，它的质地坚硬、细腻、纯净、洁白，其中那些瓷壁较薄的瓷器半透明，不沾水不变形，因此它很适合作为耐水材料或水容器，被广泛应用于日用器皿、卫生洁具设计中，这也赋予了陶瓷制品"洁净"、"清爽"的情感色彩（图5-86）。

6. 纸

纸本是作为书写的材料，以后又成为了印刷的主要材料。毋庸置疑，它作为平面设计的基本载体，对于艺术设计具有非常重要的意义，但这里我们所谈到材料的情感，主要还是侧重于介绍它作为一种制作材料使用所能激发的情感体验。纸的强度、韧性都很低，在很小压力下就可会裂开、破碎，因此它给人脆弱、不可靠的感觉。

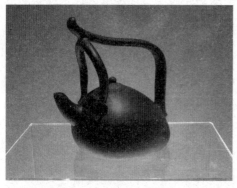

图5-85 吕尧臣."伏羲"紫砂陶壶.工艺美术大师展展品。

图 5-86 科勒陶瓷洁具。

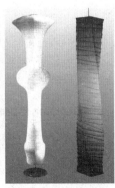

图 5-87　[法]菲利普·斯塔克.
电视机。

图 5-88　[美]伊萨姆·诺
古基. 纸灯具。

图 5-89　宜家的纸灯具。

　　现代的纸可以回收，重新搅拌成为纸浆，作为一种可再生的资源，许多设计师开始倡导在设计中使用再生纸，这一设计理念体现了设计师的道德感和伦理感，并且这些设计也同样向人们传递了类似的情感。最知名的纸材质设计要属法国设计师菲利普·斯塔克设计的电视机（图 5-87），将环保的概念表现得淋漓尽致，成为纸材质设计中难得一见的经典设计。

　　纸有一定的透光性，表面的质感温和，色彩艳丽，很久以来就一直被东方民族作为制作灯笼的材料，美国设计师伊萨姆·诺古基开创了现代纸制灯具的先河。只是不同于东方古代的灯笼，这些灯采用电灯作为光源，这显然更适合纸材质的灯具，纸材料制作的灯具充满了东方朦胧、含蓄的传统韵味，也充分利用了纸张造型的特点，呈现一种如抽象雕塑般的流动感（图 5-88、5-89）。

一、复习要点及主要概念

基本情绪与复合情绪 情感设计 愉快 恐惧 痛苦 悲哀 愤怒 固有色

二、问题与讨论

1. 通过设计使人们产生快感和恐惧感的方式有哪些，请运用典型设计作品加以说明。

2. 选择几件设计作品，分析它们通过哪些要素，能令人们产生何种情感体验。

3. 试论述产品的"使用"与"情感"之间的关系。

三、推荐书目

[美] 苏珊·朗格：《情感与形式》，刘大基、傅志强等译，中国社会科学出版社，1986 年版。

[美] 苏珊·朗格：《艺术问题》，滕守尧译，中国社会科学出版社，1983 年版。

[法] 米克·巴尔：《叙述学：叙事理论导论》，谭君强译，中国社会科学出版社，1995 年版。

[日] 藤沢英昭等：《色彩心理学》，成同社译，科学技术文献出版社，1989 年版。

[美] 威廉·荷加斯：《美的分析》，杨成寅译，人民美术出版社，1984 年版。

[德] 约翰内斯·伊顿：《色彩艺术》，杜定宇译，上海世界图书出版公司，1999 年版。

[俄] 瓦·康定斯基：《论艺术的精神》，查立译，中国社会科学出版社，1987 年版。

第六章
Chapter 6

设计思维与设计师心理

当你创作时，如果你所做的这件东西是全新的，而且是复杂而难以实现的，那么它最初肯定很丑陋；但是那些在你之后的人，就用不着再担心这一点，他们可以完善它，美化它。因此，如果当在你之后有许多其他人去完善，它最终会变得人见人爱。

——[西班牙] 巴伯罗 · 毕加索 (Pabol Picasso)[1]

6.1 设计思维

6.1.1 思维

思维是人脑对于客观现实的本质属性、内部规律性的自觉的、间接的和概括的反映。科学家钱学森首先倡导在我国开展思维研究，他提出"处理所获得的信息，是思维学的研究课题"。可见所谓"思维"即为认知心理学中提出的"信息加工处理过程"，包括了信息采集、传输、处理、存储等诸多内容。钱学森认为思维学应包括三个部分："逻辑思维，微观法；形象思维，宏观法；创造思维，微观与宏观结合"[2]，其中"创造思维才是智慧的源泉；逻辑思维和形象思维都是手段"[3]。这种划分方式目前得到国内思维科学研究领域较广泛的认可。

---

1 由 Gertrude Stein 摘录，作者编译。
2 赵光武主编：《思维科学研究》，中国人民大学出版社，1999 年版，第 12 页。
3 同 2。

6.1.2 逻辑思维与形象思维

心理学家 Paivio（1975 年）的双重编码说将记忆系统分为两类：表象系统（形象记忆）和言语系统（词语逻辑记忆），前者存贮的是记忆中的形象，后者则是各种抽象的概念。而对前者的形象编码进行加工处理的过程就是形象思维，对后者的语义代码进行加工处理的过程就是逻辑思维。

1. 逻辑思维

逻辑思维，也称为抽象思维，是最早为人们所认识到的一种思维形式，是以概念为思维的基本单元，以抽象为基本思维方法，以语言、符号为基本表达工具的思维形态[1]。长久以来，学者们不承认形象思维存在，而将逻辑思维作为唯一的思维形态，并且将逻辑思维的特点作为思维的基本特点，即概念性、抽象性、逻辑性和语言符号性。逻辑思维的思维方式主要为线性的，或分支性的，它不能像形象思维那样，建立二维图像或三维情景。

逻辑思维主要借助推理（Reasoning）的认知方式，通过已掌握的条件和信息，逐步作出识别和判断，最终达到目标。推理主要包括演绎和归纳两类：

演绎推理是一种三段论式的推理方式，它是人们依据已有知识和信息，发展出新的知识的一种方式。其推理方式为：

前提 1：设计师需要具有计算机绘图和手绘草图的能力

前提 2：小王是一位设计师

结论：小王一定具有计算机绘图和手绘草图的能力

不过，这种思维方式很容易导致人们相信那些能构建合理现实世界模型的结论，认为只有看上去合理的说法才是正确的，常常导致人们的错误结论，因为在信息始终无法完全获得的情况下前提的定义总可能是偏颇的，这样得到的结论便可能是谬论。前例中，前提 1 没有考虑少数设计师不会计算机绘图或者手绘，他也许擅长制作实物模型，小王没准就是这样一位设计师。从此可见，当人们具有更多知识和现实经验的时候，其演绎推理可以得到改善，演绎导致不断地试错，从而补充人们记忆的图式。

归纳推理是指利用已有信息产生可能而不确定的信息，例如手机外壳使用的材料主要为 ABS 和 PC 塑料，因此这款手机也应使用塑料材料，归纳推理使人们选择曾经尝试并且有效的解决问题方案。归纳思维的缺陷在于有时当新问题与旧问题类似，但存在某些关键性差别的时候，会导致固着于经验，而形成思维定势。

---

1 赵光武主编：《思维科学研究》，中国人民大学出版社，1999 年版。

2. 形象思维

与逻辑思维相比，形象思维就显得含糊许多了。历史上，由于表象代码包含实际对象的大小和空间关系，与实际知觉具有相似性，不像逻辑思维那样是对客体的抽象和概括，因此它是否具有独立的位置和功能，在学界一直存在争议，至今也没能有一个获得普遍公认的定义。不管争论如何，承认存在表象编码的学者认为，形象思维是一种以形象为依托和工具的思维方式，"形象"在认知心理学中称为"表象"或"意象"，有学者认为它类似于一种"心理图画"，人脑以形象思考时，就像观看无声电影，虽然没有语言，脑却能理解一幕幕的景象，与逻辑思维相比，形象思维呈现整体性、直觉性、跳跃性、模糊性的特点。

在艺术、美学领域中，"形象"是一切活动的核心和基本单位，因此，形象思维的存在则被视为不争的事实，但究竟形象思维包含什么，其内在的机制如何，这些概念还很模糊。形象思维最早由俄国美学家别林斯基于 1841 年提出的，他在《艺术的观念》中写道："艺术是对真理的直觉的观察，或者说是用形象来思维。……我们的艺术定义中特别使许多读者认为奇怪而感到惊奇的一点，无疑是，我们把艺术叫思维，这样，就把两个完全对立、完全不相联结的范畴联结在一起。[1]"他认为艺术离不开形象，艺术家（诗人）是用形象和图画进行思考。虽然别林斯基并没有直接使用"形象思维"这个词语，但是"用形象的思维"的概念开始为人们所熟知和接受。

作为一种思维活动的形象思维，不同于"知觉"或者单纯的直觉，它比知觉的形象暗淡、模糊，作为基本材料的"形象"不是原始的感觉素材，而是一种省略某些特征，突出重要特点的典型的、概括性的形象。任何人造物的形象都不是艺术家、设计师对客观对象的简单模本（并且他们也不可能完全模仿客观对象），也不是抽象思维所能完全解决的概念和符号，这些形象都来自人们对于客体本质特征的概括表达，是人们运用联想、想象，编造或创造出来的东西。想象、联想以及抽象是形象思维的基本特点（图 6-1、6-2）。

图 6-1 毕加索，牛。

1 [俄]别林斯基著：《艺术的概念》（《别林斯基选集第三卷》）满涛译，上海译文出版社，1980 年版，第 93 页。

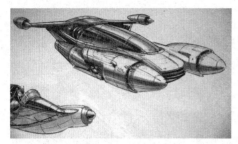

图 6-2 电影《星球大战》中的飞船草图。

图 6-3 吕中元设计, 湖北第六届美展标志。

形象思维使人们能创造出整体的、概括性的、典型的、具有某种风格的图像。光凭借概念, 画家怎能将现实的客体牛抽象为这样独特、真实的牛的形象。

设计师利用草图记录脑中闪现的表象, 如果没有形象思维, 人们又怎能无中生有这些现实生活中并不存在的物品。

形象思维活动究竟以什么样的方式进行呢, 以郑板桥画竹的步骤可以很好地描述这一过程, 其思维过程包括: 眼中之竹—胸中之竹—意象之竹—纸上之竹。这个从印象到意象再到艺术形象的逐步转化的过程就是一个典型的形象思维的过程。其中的"意象之竹"就是指创作主体思维中的"竹之形象", 它不是单纯的对现实中竹之形象的镜像反映, 而是一种经过思维加工的形象, 是形象思维的反映。图 6-3 展现了设计师通过形象思维创作图像的过程, 他从具象的原始人的头饰, 以及"美"字, 经过抽象、组合、变形等过程, 创造出这个标志, 即以形象作为素材进行创造的过程。

3. 逻辑思维与形象思维的区别和联系

形象思维与抽象思维作为人类思维活动的两个方面, 既相互独立又相互联系。就思维的过程来说, 它们之间存在依存关系。 比如我们阅读、写作时, 识别文字符号的过程不是通过概念或者计算, 而仅仅凭借的是对形象的再认, 之后才可能根据概念的语义网络组织内容和遣词造句; 我们从人群中识别出一个熟人时也是首先凭借对形象识别——形象思维, 之后我们才可能从记忆中提取关于这个人的各种概念和咨讯, 对他的表情、语言、行为进行推理和判断, 进入逻辑思维的层面。现代心理学研究发现, 在人们的幼年时代, 形象思维比逻辑思维起到更大的作用, "婴儿在不会计算和言语时, 凭借对外界形象的认知来思考和认识这个世界, 人类的祖先以及现在的聋哑人和语龄前的幼儿都是仅仅使用形象来进行思维的"[1]。从这个意义上来说, 逻辑思维更像是人们在成长过程中, 为了理解、征服和改造客观世界, 不断学习、锻炼发展出来的一

1 王南:《论形象思维的普遍性》, 选自钱学森主编的《关于思维科学》, 上海人民出版社, 1986 年版, 第 113 页。

种工具性的思维方式，它使人们在思维中将主客体断开，以站在旁观者的角度上知觉、体验、评价客体[1]，而形象思维则可能是人们的一种本元思维，人们在以后的发展中不可能抛弃这种思维能力。

形象思维与抽象思维之间的最大区别在于如前面所提到的：抽象思维是运用语言、符号、理论、概念、数字等抽象材料进行的思维活动，形象思维则是用形象材料进行的思维活动。两者都具有思维活动所共有的特征：即抽象性、间接性和概括性，两者的起点都是对外界的感知[2]。

理解逻辑思维中的这些属性似乎并不困难，抽象的概念是一切逻辑思维的基础，这里着重强调的是形象思维同样具有这些属性。比如，画家、雕塑家无论如何准确地再现现实的事物，它与现实事物还是存在诸多差异，这些形象始终还是通过艺术家的思维加工，运用一定的技巧加以概括和简化出来的，只是人们视知器官先天的阈限使人无法直接感受这些差异，所以人们会感到这些作品与原型一模一样。抽象艺术或设计艺术中，形象的抽象性、概括性就更加显著了，例如在建筑设计图纸或机械设计图纸中，那些现实物被抽象成为了简单的符号，图6-4中房屋的平面被简化成一个简单的方框，各种家具、陈设、门窗也都是一些抽象的符号，以使那些掌握了这一表达方式的人们一目了然，并更加易于进行下面的逻辑推理判断——方案选择和修正。

形象思维与逻辑思维还同样具有创造性，都是创造性思维的组成部分，并且与表现为一步一步有序推断的逻辑思维相比，形象思维似乎在整个创造性思维过程中处于先导的、启示性的地位。许多创造过程都有这样的现象，创造主体首先就具有一个模糊的印象，虽然它不像逻辑思维中的概念或数据那么清晰明确，但却吸引着创造主体向着那个模糊的印象前进，这也正是为什么有时人

 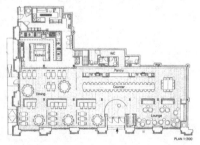

图6-4 环境设计中的实景的照片与平面图，后者是艺术设计师通过抽象的形象进行思维活动的反映。

1 比如卡冈在谈及艺术形象思维的起源时说道："使主观与客观'断开'的本领是抽象逻辑思维所必需的，以便在客观世界自身的、它内在的、不取决于主体而存在和起作用的那些规律中理解它。"［苏］卡冈，《卡冈美学教程》，第219页。
2 朱光潜：《形象思维在文艺作品中的作用和思想性》(《朱光潜美学文集》第三卷)，上海文艺出版社，1983年版。

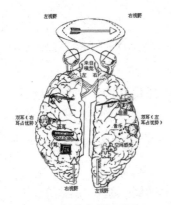

图 6-5 大脑左右半球的机能分工。

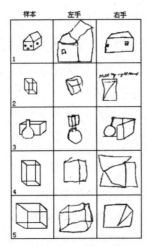

图 6-6 裂脑人用左右手描绘的图像，左手（右脑控制）绘制的图像能表现三维空间，图像简单，缺乏细节；右手（左脑控制）绘制的图像却没有三维空间感。

们将某些"形象思维"现象也称为"直觉思维"的重要原因，艺术家构思艺术作品，科学家推导新的原理或公式，以及设计师设计新产品、新形式时都有此类体验。

现代生物学对左右脑分区的实验研究也进一步验证了形象思维和抽象思维之间的相互独立，并且协同关系。如图 6-5 所示，思维的器官——大脑分为左右半球，多年来，人们把脑只看成是单侧性的，认为右脑是无用的大脑。20 世纪 50 年代，R.W.斯佩里等学者通过"裂脑人"[1]的研究发现，人脑左右半球具有两个相对独立的意识活动。左半球是抽象思维中枢，负责处理语言和概念，主管人的语言、言语理解、阅读、书写、计算、推理、分类、回忆和时间感觉；右半球则做一些难以换成词语的工作，是形象思维中枢，其主要的功能是处理表象，主管人们的知觉辨认、空间定向、形象记忆、想象、做梦、模仿、音乐、美术、舞蹈、高级情感、态度等，对复杂关系的处理远胜于左半球。

如图 6-6 所示，裂脑人右脑控制的左手绘制图像细节是完整的，但却无法组成一个整体；左脑控制的右手绘制的图像轮廓完整，但图像变得简略缺乏细节，看起来像是儿童画。可见，右脑在绘画创作中起到更重要的作用，它负责画面上的图像的空间表现，以及将各部分组成一个有机整体；而左脑对绘画这样的艺术创造工作中也起到了一定作用，它负责直接表达感官效果。并且，研究者还发现裂脑人很难搭积木，因为搭积木（可视为一种简单的设计工作）的行为本身既需要形象思维又需要逻辑思维，形象思维决定了搭积木的空间定向，形式组成；逻辑思维决定了正确的逻辑程序，而裂脑人的左右大脑无法协同工作，从而造成了思维矛盾的现象。

1 裂脑人是对癫痫病人进行过分裂大脑手术，导致左右脑隔裂的人。

　　总之，人类思维原本就是一个复合的整体，也许不同行业要求不同人更注重某种思维方式，但并不存在单一的思维方式，逻辑思维与形象思维势必你中有我，我中有你。

6.1.3 艺术思维与科学思维

　　一般认为，艺术思维以形象思维为主，科学思维则以逻辑思维为主，科学家借助于概念推理和论证假设，而艺术家则以形象表达情感、思想。但是，正如前面证明的那样，思维从来就是形象思维与逻辑思维的复合体，因此艺术思维中必然包含着逻辑思维，科学思维中也同样离不开形象思维。

　　首先，科学思维中包含形象思维，虽然科学家的思维过程主要使用概念，可是任何概念的推导都需要运用一定的语言或符号加以表示，有时甚至还需要使用图表或图示，有时逻辑思维推导后的结果就是一种表象，例如工程师计算的结果可能是一套图纸，并且最终成为具体形象的机器；计算机程序员通过辛苦撰写的大量代码代表他们的概念和逻辑，最终也体现为一个可知觉的界面。

　　另一方面，艺术思维同时也蕴涵着科学的逻辑思维。艺术创造需要掌握一定的技术作为实现的基础；并且艺术创作也需运用一定的概念和逻辑推导，其中逻辑思维发挥着重要作用。前面提到的左右脑的分裂人的研究就证明了这一点，逻辑思维的损伤虽然对于艺术家的整体造型能力不会造成太大影响，但却影响了细节的加工和描绘。如西方古典主义的写实绘画，一方面固然是对真实形象的再现，再现想象与现实形象的比较、修正和完善，但如果没有透视学、色彩学、材料学等相关科学的支持，没有画家对现实的情形进行的构思、选择和组织，也不会有那么栩栩如生的画面效果。摄影艺术中，艺术家如果不能

图6-7　新媒体艺术作品，左：[荷]Marnix De Nijs，跑啊跑，互动装置。通过奔跑控制影像，制造出在不同场景中奔跑的感受；右：[澳]Jeffrey Shaw，都市风格，互动装置[1]。

---

1 资料来源：鲁晓波、张嘎主编：《飞越之线》，清华大学出版社，2005年版。

充分理解所谓的光圈、焦距、景深等概念，并根据场景作出适当的推理和计算，无法拍摄到理想的图片；现代的多媒体艺术则更加无法脱离逻辑思维的作用，艺术家不得不借助一定的技术、程序、数据、计算完成他们的艺术创造（图6-7），此时，艺术创作是目的，而精密的推理、计划、实施是创作中形象得以塑造出来的保障，在此类艺术活动中，甚至有时整个创作过程都看不到具体的形象，而仅仅是通过程序计算来完成的。

艺术思维和科学思维虽然区别显著，但两者又相互紧密联系。一方面两者之间相互作用，互为补充，共同完成复杂的行为活动，设计艺术作为实用艺术或者说艺术的造物活动，就是最典型的艺术思维与科学思维密切配合的工作，它既需要借助逻辑思维能力，对面临的设计问题进行分析、提出解决概念，并通过测试、比较、评估、筛选概念和方案；而整个设计过程以形象作为思维的材料、手段及最终结果，并且形象思维还反映于最初设计师对于设计目标那种模糊的意象或称为 "直感"。另一方面，艺术思维和科学思维还能相互促进，互相激发。美国科学家戴维·玻姆在《论创造力》中谈到艺术对于科学的促进作用时，提到艺术思维作品能"引导他以新的眼光看待结构，直接用感官去知觉它"[1]。他发现利用艺术的思维方式看待科学研究的时候，能发现一些未经探索的抽象方向始终开放着，而无须继续沿用以往所积淀的习惯模式，做比较的、联想的符号思维。他认为运用艺术思维能将科学家从以往概念的巨大网络中以及一般背景中解放出来，反之亦然，艺术家运用科学的思维也同样能摒弃以往固有的认识世界、感知世界的方式。无论是科技还是艺术史都无数次地验证了这一命题的合理性，科学家通过某个形式貌似不和谐、不对称的公式图标而发现了新的规律，而艺术家则运用客观科学的态度或方式重新感知自然出现了新的绘画形式、内容或风格。

6.1.4 问题求解

问题求解是思维活动的一种最普遍的形式，是把当前信息同记忆中的信息结合，达到某种特定目标——结论或解决方案的活动。西蒙等学者提出是"以将现存情形改变为想望情形为目标而构建行动方案"的"广义设计"，其本质上就是问题求解。换句话说，设计思维在某种程度上，就是一种问题求解过程。目前，问题求解较为公认的观点是自20世纪50年代以来，纽厄尔（Newell）、西蒙（Simon）、肖（Shaw）等学者基于信息加工的观点，他们将问题求解看

---

1 [美]戴维·玻姆：《论创造力》，洪定国译，上海科学技术出版社，2001年版，第43页。

作是一种对问题空间的搜索过程，以西蒙的话说，一切设计都是对备选方案的筛选过程，而选择方案的标准往往不是所谓的最优方案，而是在当前约束条件限度内的最满意方案。

1. 问题空间

西蒙和纽厄尔（1958年）认为问题的定义包括三个方面的问题：1）初始状态：一组对状态已知的关于问题条件的描述；2）目标状态：希望的或满意的状态；3）操作状态：为了从初时状态达到目标状态所可能采取的步骤。这三个要素共同定义了所谓的"问题空间"（problem space）。西蒙（1973年）进一步按照问题空间性质的不同，将问题分为两类：明确的问题和不清楚的问题。前者类似于教科书上的问答题，对问题空间（初始条件、目标状态以及操作过程）都有明确的描述；而后者则主要是指创造性的问题，如设计一件物品，画一幅画，或者寻找一种药品的配方，问题空间的三个要素都可能含糊，不明确，这时问题求解的第一步就是尽可能描述清楚这三个方面的问题。

2. 有限理性下的最满意答案

当问题空间明确的时候，人们知道应该以何种程序或规则解决问题，这种规则被称为"算法"，只要算法正确，人们便确定会获得正确的结果，比如四则运算、应力分析或尺寸配合等。可是设计师面临更多的还是定义不明确的问题，此时问题求解则是一种搜索性的活动，理论上，设计者应考察满足目标状态的所有可能状态（备选行动方案），然后在此集合中找到满足目标约束条件，又能使函数最大化的方案。但在现实条件下，人们几乎不可能穷尽所有的可能状态。因为解决方案往往是由一系列行动单元组成的序列，试想每个单元都存在一定的变量，可以想见最终的行动方案数量是多么惊人，以人的有限的计算能力（面对复杂问题，计算机的计算能力也是有限的），根本不可能察看所有方案。因此，西蒙提出，人们得到的不是最优方案，而仅仅是一种可接受的方案。比如设计一把扳手，能拧开螺母是它的目标，满足这一条件的方案很多，因此我们需要给它定义一些约束条件，例如成本价格控制在10元以下，能适应各种不同规格的螺母，重量轻便于携带等，在有限时间、资源条件下，能较好满足以上所有约束的方案便是答案。在这一意义上而言，设计永远不会是最好的，只能是较好满足约束条件的满意选择，因此，不论前面的家具设计大师曾经做出多么杰出的座椅设计，后辈的设计师始终还有创意的可能和空间。

3. 判断和决策

判断是你对人、物、事件形成看法，作出评论性评估的过程，它是决策的准备阶段，决策是在备选项中作出选择。设计师的最终方案是对备选方案的判断和决策，而用户（消费者）则通过观看、持有和使用对设计方案进行判断，并不断修正下次购买行为中的决策。

问题解决的方案是一系列决策的集合，存在优劣之分。比如象棋大师能战胜大多数对手，设计大师的作品优于一般设计师的作品——其方案选择优于其他对手，西蒙以象棋大师为例，提出其"决策"胜出的关键在于三点：惊人的计算能力、大量的棋局变化的书本知识，以及评判局势的相当精巧的准则函数[1]。基于西蒙的观点，我们可以推论，设计师决策方案的优劣除了当时客观条件的局限（如成本、时间周期、技术水平等），也依赖于三点：发散性思维的充分展开——获得尽可能多的备选方案，大量的经验知识，以及较精密的评价方案的准则（约束）。

4. 启发式

设计方案的优劣与设计师对其备选方案的判断标准密不可分，虽然理论上的判断应该建立于充分的搜索之后，但事实上由于问题空间的不确定性，有限的时间和精力，导致判断事实上更依赖于设计师本人常用的思维方法——心理学称之为启发式（Heuristics）。启发式是指一些能够提供捷径的非正式的经验法则，它们不是正规的逻辑思维程序，但却能大大降低判断复杂性。另一方面，启发式又形成了一些思维的定势，所获得的判断有时不如按照正规搜索程序得到的判断客观、全面，甚至可能造成错误（判断不足造成的错误），著名的象棋机器人战胜大师的案例可以验证这一点。

启发式最早是由美国认知心理学特阿摩司·图伏尔斯基（Tversky）和丹尼尔·卡尼曼（Kahneman）于20世纪70年提出的，他们提出了几种常用的启发式——代表性启发式、可得性启发式以及锚定—调整启发式[2]。

1）代表性启发式是指人们根据代表性或类似的线索来作选择或判断，比如设计师设计某款产品时，首先想到同类的代表性的、经典的、知名度高的产品或者与设计目标功能、形式近似的产品。图伏尔斯基和卡尼曼也同时指出，代表性启发式会使人们忽视其他类型的相关信息，而对设计师来说，这些其他信息也许才是创意的突破点，突破代表性启发式则表现为所谓的"标新立异"。

1 ［美］司马贺（赫伯特·A.西蒙：《人工科学——复杂性面面观》，武夷山译，上海科技教育出版社，2004年版，第110页。
2 参见中国科学院心理研究所周国梅、荆其诚的《心理学家Daniel Kahneman获2002年诺贝尔经济学奖》。

比如 E.H. 贡布里希在《艺术与错觉》审视了大量艺术家创作的事实，做出这样的评价："每一代（画家）都在某一点上反叛了某前辈的准则……标新立异也许不是艺术家素质中最高、最深刻的东西，但总的来说很少有艺术家缺乏这种愿望"。艺术家如果始终坚信绘画一直如镜子一般应如实反映真实世界，就不会出现印象派、构成派、风格派、抽象表现等形形色色的现代艺术，不仅艺术创作如此，在技术科学领域也是如此，前苏联飞机设计师 A. N. 图彼列夫和心理学家 P. M. 雅可布松也曾说："我们必须重新看待事物，重新看待我们自己的思维过程、技术设计以及解决问题的传统方法。我们看问题必须恰似通过别人的眼睛，从通常的、习以为常的视界中脱离出来。[1]"

2）可得性启发式是指人们倾向于根据客体或事件在知觉或记忆中的可得性程度来评估其相对频率，容易知觉到的或回想起的客体或事件被判定为更常出现。在设计中，那些最容易回想起来或知觉到的形式和风格（组块）容易被选择，也就是前面所说的从事设计工作多年的设计师的设计常呈现一种固定的风格，无论设计任何类别的产品（图像）都具有类似的风格，甚至在其绘制草图的第一笔时就显现出一种相似性。另一方面，这也说明了为什么设计师喜欢在设计前翻阅大量的设计图片资料。这些图片不仅可以转换为设计师记忆中的形象组块，提供更多的设计原型；更重要的是，这些图像可以作为提取记忆组块的线索，帮助设计主体索引记忆中的相关信息，因此设计主体在翻阅设计图片，设计师很可能出现所谓的"灵感"或"直觉"，其实也并不神秘，图片激活了设计师相关的图式，帮助设计主体提取出长时记忆中的某个适当的组块。

图 6-8　马蒂斯的油画，天才的艺术家冲破了人的皮肤是粉红色的现存概念，以独特的方式重新看待世界。

图 6-9　弗兰克·盖里，西班牙毕尔巴鄂古根海姆博物馆，突破了房子的标准模式。

1 [英]贝弗里奇，引自俞国良：《创造力心理学》，浙江人民出版社，1996年版，第246页。

3) 锚定—调整启发式，是指在人们最初得到的信息会产生"锚定效应"，会以最初的信息为参照来调整对事件的估计，比如，如果提供给设计主体的设计目标文件是"设计一只水杯"，设计主体通常会从杯子相关的记忆组块着手进行设计，无论如何创意，设计基本不会脱离杯子的基本形式；反之如果提供给设计主体的信息改为"设计一件能盛水的工具"，那么设计师可提取的信息就不仅仅与杯子相联系了，这就是因为前者将设计主体的选择目标锚定于"杯子"上，在此基础上调整和创意。

6.1.5 创造性思维

1. 创造性思维的本质

创造性思维与常规性思维相对的一种思维方式，它是人们在已有知识基础上，从某种事实中寻找新关系，找出新答案的思维活动。问题求解包括两类：创造性问题求解和常规性问题求解。前者要求发展新方法，后者则使用的是现有的方法。其中创造性问题求解过程中需要展开创造性思维，它究竟是一种什么样的思维？目前存在这么几种代表性理论：联想理论认为创造来自不断尝试——错误的过程，带有渐进的性质。在这种过程中，适宜的联系被保留和强化，不适宜的联系则逐渐消退。

另一种看法来自格式塔心理学流派。德国格式塔心理学家韦特海姆1943年发表的《创造性思维》一书是第一部研究创造性思维的专著，其中对于创造性思维的过程展开详细的分析。首先，他认为思维是一个连续、整体的过程，具体而言就是，当面对一个问题时，思维者掌握问题情境后，情境的特点和要求引起思维者的紧张，这对于追求良好结构的人的本性而言会产生一种紧张感和动力，从而驱动思维者采取思维活动来改变情境，他认为人们创造思维的动力是良好的格式塔[1]倾向，以及种种格式塔规律。他以艺术和音乐的创作思维为例，提出在创造过程中，人们似乎并不是首先看到问题情境中的特点和要求，反而是先模糊地感受到想要获得的结果的某些特征，即一个模糊的情境S，并产生强烈的想要实现这一结果的冲动，这是一个自上而下的过程，最初目标非常模糊时，艺术家处于一种胶着状态，但创造者逐渐完善问题情境结构，逐步掌握各个组成的部分，结果的形象变得渐渐清晰，直到获得具体的S（图6-10）[2]。

1 注：格式塔即完形。
2 [德]韦特海姆：《创造性思维》，林宗基译，教育科学出版社，1987年版，第220至225页。

韦特海姆区分了三类思维方式，他将以上所说的过程称为 α 过程——创造性思维过程，而相对的极端是一种完全依赖机遇，依赖重复、盲目的操作和试错进行的创造过程称为 γ 型过程，介于两者之间的是 β 过程，即在 α 过程中有纯粹回忆和盲目试错的操作夹杂其中

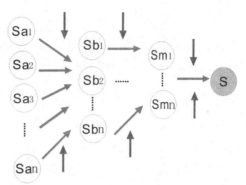

图 6 - 10 韦特海姆在《创造性思维》中描述的创造过程。

的过程。现在，我们可以看出，韦特海姆所说的 γ 型过程类似于前文谈及的理性的、依靠搜索和试错的常规性"问题求解"过程，它适合于那些问题空间定义明确的问题，比如在象棋问题、迷宫找寻道路的问题；然而这种思维方式并不适合那些定义模糊的问题，比如科学发明、文学、艺术创作、建筑或产品设计等，而这就是韦特海姆所说的 α 过程。韦特海姆对于创造性思维强调对事物内在关系的"顿悟"，即一种在情境的压力下进行的完形的组织构造过程[1]，但却对于创造主体的知识、经验的作用有所忽视，并对于"顿悟"的机制也没有明确的解释，但总体看来，他对于创造性思维过程的观点是很有价值的，特别是他提出的艺术创作中对于结果的那种模糊的预见，对于我们理解艺术设计思维过程具有重要借鉴意义。

韦特海姆对思维的看法对我们已经熟知的认知心理学的理论产生了很大影响。认知心理学将一切心理活动都归为信息加工处理过程，思维活动也不例外。他们认为，思维是"问题求解"的过程，只是一部分是定义良好的问题，可以通过规范的算法得到答案；另一部分定义并不明确的问题，如艺术创作、写作等，则是对备选方案的优选过程。

2. 创造性思维的过程

在各种描述创造思维过程的理论中，最有代表性的是由英国心理学家华莱士（G.Wallasm，1926 年）根据对科学家的传记和回忆录的研究提出的"四阶段论"。他认为任何创造性活动的过程都包括准备阶段（preparation）、酝酿阶段(incubation)、明朗阶段（illumination）以及验证阶段（verification）。准备阶段中，创造主体明确要解决的问题，收集资料，将它概括、整理，听取意见，寻找问题的关键，初步尝试寻找解决方案。心理学家们将创造主体对领域知识的学习

---

1 早期的格式塔心理学家苛勒曾通过一个经典实验证明"顿悟"的存在，实验中，大猩猩猛然发现连接竹棒能增加竹棒长度获取高处
食物的实验，格式塔心理学家认为这是出于生物构造"完形"的渴望和感受的压力，顿悟不依赖于知识和记忆，能减少搜索试错过程。

和技能培训等必备条件划入这一过程中。酝酿阶段的最大特点是潜意识的参与，有时从表面上看，主体似乎将问题搁置，但事实上，创造主体以一种目前还不甚明确的方式思考问题，寻找解决的方案。明朗阶段是最激动人心的阶段，创造主体终于发现了问题解决的方案，以往的困顿豁然开朗，能给创造主体带来巨大的快感。验证阶段是创造主体对整个过程的反思，将解决方案落实在具体操作中，以验证方法是否行之有效。华莱士的理论获得了普遍认可，并被许多学者借鉴和发展、完善，例如美国社会心理学家艾曼贝尔提从信息加工和认知科学角度出发提出的"提出问题、准备、产生反应、验证反应、结果"的五阶段论，以及约瑟夫·罗斯曼的七个步骤的理论等。其中最核心的阶段就是"明朗"或"产生反应"的阶段，这一阶段是创造性思维得以实现的阶段，是区别于一般常规思维过程的关键。在这个阶段中，主要是以形象思维为主，通过联想、想象、直觉、灵感产生新概念、新观念、新意象，而其中最重要的还是想象。

3. 灵感思维

创造性思维中存在的顿悟、直觉和灵感等现象。赫伯特·西蒙曾对三者进行了界定[1]，顿悟是指通过理解和洞察了解情境的能力或行为，其往往需要经历一段时间的失败和徘徊。直觉是不经有意识的推理而了解事物的能力或行为，例如棋手下棋时，凭借一种模糊的印象快速、敏捷地作出判断。顿悟和直觉都是灵感思维的表现，是创造性思维过程中认识飞跃的心理现象，是一种最佳的、暂时的创造状态。

以往，人们常常感觉灵感思维非常神秘，似乎是来自"天启"，特别是艺术创作领域中，将灵感思维作为一种天才特有的天赋，并且认为只有这样才能被称为创造。别林斯基这样说道："一切被叫做创造出来的或者创造性的东西，是那些不能靠筹思、计算、人的理性和意志来产生的东西，这些东西甚至不能被叫做发明，却是靠大自然的创造力或者人类精神的创造力，直感地从无变为有，并且跟发明相对照，应该被叫做天启。[2]"他认为与之对应，发明家们通过不断地筹思、计算、修改、对可能性的估计所做出来的仅仅是一种机械性的作品，与创造艺术作品存在本质的差异。他的观点略显偏颇，因为事实上，这种艺术创作中出现的灵感同样也常出现在科学、技术领域中，只不过，艺术家的创造灵感可能是一种直觉，一种在模糊意象驱使下的不断具体化，而发明家、科学家的创造则往往是一种顿悟，是在不断试错的问题求解中的一种飞跃。

---

1 参见 H.A.Simon,Explaining Ineffable—AI on Intuition, insight and inspiration topics, in Proc. Of IJCAI-95, I. 1995.
2 [俄] 别林斯基：《艺术的概念》(《别林斯基选集第三卷》)，满涛译，上海译文出版社，1980 年版，第 108 页。

西蒙借围棋大师下棋的技艺为例，提出，问题求解过程中的"直觉"并非什么神秘现象，而是一种"识别行为"，源自经验丰富者累积了大量相关组块，组块能大大加速其搜索、区分、比对的过程，西蒙的这一看法似乎无法解释艺术创作中那种"模糊的驱使艺术家不断完善的意象"，现代心理学家通过大量的研究对于此类也作出了较为科学的解释，认为灵感来自新的信息刺激大脑后，激荡了储存于长时记忆中，暂时难以提取的信息，经过重新加工和组合，产生了灵感。从设计实践看来，我们认为这种看法是有道理的，因为除了必要的美学判断能力和对用户需求的明确掌握，大师比新手的优势往往在于大量经验知识的累积，他们能在很短的时间能提出更多数量的备选方案，也能迅速找到在当前情境类似条件下的较优解决方案。可见，否认灵感或者过分夸大灵感的作用都是不正确的，好的设计创意往往是灵感闪现的结果，但直觉、灵感或顿悟不是凭空产生的，而是需要一定准备才可能发生。产生灵感的条件包括：

广泛、并能相互联结的知识背景，积极、持续的创造性思维活动；

愉快、放松的情绪；

有意识地摆脱习惯思维的束缚；

掌握各种激发创造性思维的技巧，例如发散思维、逆向思维、U 形思维[1] 等；

学会发现和记录灵感，例如设计师一般常备有速写本，以帮助自己随时保留稍瞬即逝的灵感。

6.1.6 设计思维

虽然人类的各种有意识的活动都是多种思维相互结合、共同作用的结果，一般而言，科学、技术思维以逻辑思维为主，艺术思维以形象思维为主，那么设计艺术思维究竟如何呢？国内学者李砚祖提出设计思维是一种综合性的思维："设计师需根据设计任务和设计对象的不同灵活运用各种思维方式"，"以艺术思维为基础，与科学思维相结合"，并且其中"艺术思维是在设计思维中具有相对独立和相对重要的位置"，"设计思维是一种创造性思维，它具有非连续、跳跃性的特征[2]。"以上对于设计艺术思维的分析较为全面、精辟，说明了设计艺术思维的本质特征。

从这个观点出发，进一步分析，我们发现：

1. 首先，形象思维是艺术设计思维的基础，表象是设计主体进行思维活

---

1 U 形思维是指思维过程中，遇到问题时暂时回避一下，避直就曲，其思维轨迹如同字母 U。

2 李砚祖：《艺术设计概论》，湖北美术出版社，2002 年版，第 173 至 174 页。

动的基本素材。马克思曾描述过人类设计活动中的形象，他说："最蹩脚的建筑师从一开始就比最灵巧的蜜蜂高明的地方，是他在用蜂蜡建筑蜂房以前，已经在自己的头脑中把它建成了。劳动过程结束时得到的结果，在这个过程开始时就已经在劳动者的表象中存在着，即已经观念地存在着。[1]"这一存在于表象中的形象即设计思维中的形象。形象思维在艺术设计中体现于设计的全部活动都是以造型为根本目的和手段的，不论是草图、效果图、蓝图、模型等，每个阶段都围绕着形式展开，设计师不断在脑海中提取各种形式、形象（包括记忆的和想象的），与眼前的具体形象进行比较，不断修正，完善塑造中的形体。

在艺术设计思维中，设计主体会自觉不自觉地运用形象来推理、判断所解决的问题，并运用各种形象来展现自己的思维状态。例如设计一个手机时，设计师会调动记忆中的与之相关联的组块，选择出一个或若干组块（模糊的意象），接下来按照当前设计问题约束条件（目标用户、功能、成本、生产条件等）组合，变形、简化、修正这些形象组块，这一过程会重复多次，每次修正，设计主体会以草图、蓝图或模型的形式表达出他们的构思，这些图像一方面可以与外在的条件限定形成对照以帮助设计主体发现设计中的问题和缺陷，一方面也可以作为启发设计主体下一步行为的线索，直至最终出现一个较为满意的方案。设计主体的这种选择和修正的过程很少是直线性的，而是一种发散性的过程，设计主体可能同时选取与设计目标相匹配的若干形象组块来修正与发展，因此设计师通常提交的总是多方案。从这个意义上来说，那些兴趣广泛、经验丰富的艺术设计师更容易出现"灵感如泉涌"般的状态，这是因为他们的样式组块存储量大，提取适当的形象更加容易。

图 6-11 显示了一个典型的工业设计中的设计思维过程。它包括六个环节：

1）观察市场销售的同类吸尘器：研究用户一般在选择吸尘器时主要考虑的因素；现有吸尘器的优缺点；并且研究环境因素对于吸尘器设计、销售的影响，包括物理环境和社会文化环境。

图 6-11　工业设计典型过程，显示了设计思维的一般流程。

1 马克思：《资本论》第一卷第五章《劳动过程和价值增值过程》（《马克思恩格斯全集》第 23 卷），人民出版社，1972 年版，第 202 页。

2）场景模拟：制作草模，研究吸尘器适宜的尺度、相关的人因素和使用姿态。

3）概念设计：根据研究结果，产生各种改进点的创意方案。

4）主体设计：将各个零碎的概念发展为一个完整的吸尘器，并进行与改进点相关的初步结构设计。

5）细节设计：针对吸尘器，主要是把手的设计、配件设计、按键等。

6）最终模型，并通过高仿真模型进行最后的产品研究和分析。

2. 设计艺术中的逻辑思维和形象思维从来就是相伴相依，无法分割。设计师对设计对象的构建是逐步清晰、明朗的过程，从最初的若干模糊的意象，到其中某个（些）意象凸现，不断根据问题的约束条件修正和改善，逐步清晰。每个意象在形成最初也许仅是一些抽象的概念、或者科学原理、技术规范，以及数据，但这些抽象的材料需要不断转化为形象（思维中的意象），再通过这些具体的形象进行比较和完善。因此，作为"形式赋予"行为的艺术设计不仅需要抽象的推理、归纳、比较和选择等思维活动，也需要对形象的联想、想象以及情感共鸣等。其中逻辑思维集中表现于设计目的、概念的制定、功能与形式的匹配、方案筛选与评估，以及运用基本设计原则（例如可用性原则、经济原则、法律原则、技术原则等）优化设计的过程等，它是设计的合理性本质在艺术设计思维中的反映。图6-12显示了一种常见的锻炼学生设计思维的方式，要求学生以某一种植物或动物为创意起点，按照相似、对称、因果三类联系法则，设计三款不同形式的同类产品。这种训练方式要求学生选择一种意象作为创作原型，依照逻辑思维的方式，按照目标的约束条件对原型进行修正，

图6-12　钟鹦伶，向日葵手机。

图6-13　宋倩，莲花灯具。

进行设计，体现了设计思维中逻辑思维和形象思维结合的本质。

3. 设计艺术思维活动归根结底还是一种有限理性下的"问题求解"活动。西蒙于 1947 年提出了"有限理性"的概念，他认为：理性指的是一种行为方式，是指在给定的条件和约束的限度内适合于达到给定目标的行为方式。设计思维并不包含神秘的、非逻辑的因素，甚至设计中最神秘、非理想的"直觉"和"灵感"也能得到合理的科学解释（见前文中的"灵感思维"）。

6.1.7 作为一种创造性思维的设计艺术思维

设计作为一种典型的创造性活动，它的过程既遵循一般创造性思维的过程，也具有一定的特殊性。

首先，在设计思维过程中，设计师往往采用的是多方案筛选的过程，因此放射性的思维方式显然明显优于科学研究中常使用的线性推理的方式，设计师在设计思维的初期，应尽可能多维度展开思维活动，而不宜过早执著于某一模糊意象。设计专家在设计进行创意中明显思路更加开阔，所提出的可能性高于新手、生手，而约束创意产生的条件限制却明显低于其他组。

国内学者时勘、傅小兰等人曾进行过关于"广告设计专家的任务理解过程"的研究，实验任务是邀请设计专家、新手、生手三组为一种假想的家用机器人设计一张招贴画形式的广告方案，并画出草图，实验结果显示：专家更注重从信息中提取关键信息，其先期经验更多地体现设计对象的具体的、可操作的特征。另一方面，设计中，专家提出的算子（算子指被试用于缩小问题空间的心智操作或手段，简明地说就是设计的可能性）明显多于其他两组，而报告出来的算子约束（算子约束是规则，是对算子的合法性和执行时所要遵循的条件的说明，也就是筛选算子的规则）却明显少于其他两组（表 1、2）。研究者对此的解释是广告设计规则可能在专家头脑中已经内化，而我们认为，很可能是专家更倾向于在设计草图完成后进行详细评价筛选，而在设计阶段则尽可能多开阔思路，尽可能多产生创意。

表 6-1 有关算子的口语报告情况统计表（算子数）

被试	准备阶段	设计构思阶段	制作阶段	效果检验阶段
专家	4(0.44)	51(5.67)	12(1.33)	9(1.00)
新手	1(0.05)	20(1.00)	14(0.70)	5(0.25)
生手	1(0.05)	9(0.45)	10(0.50)	5(0.25)

（注：括号内的数值表示人均算子数）

表 6-2 有关算子约束的口语报告情况

被试	受约束因素数	算子约束内容
专家	2	生产能力，广告法律限制
新手	33	触摸，人机情感交流，送小礼品，POP 广告悬挂，立体广告，直接服务，立体模型，手册，动画系列，电视电影，印制差，缺专门资料，不了解产品，凭想象，不了解用户要求
生手	18	试用，电视广告，讲解，动画，电影，印制差，设计时间紧，不懂，不会画，机器人价格贵

（注：以上数据来自《广告设计专家的任务理解过程》，时勘、傅小兰、王辉、张侃、郭素梅、王新超等，《心理学动态》1998，No.1）

　　另一方面，从设计实践发现，设计专家往往能看到设计方案中的更多细节和区分程度，因而易于产生更多的备选方案，而新手、生手则往往只能区分较大变化的差别，因而所做方案往往区分显著。例如笔者曾做过这样的测试，图 6-14 中是同一产品的两款设计方案，从事设计实践 5 年以上的设计师能看出较多两款方案之间的差别，认为曲直造型差异较大；而无设计经验的生手则认为这两款方案很相似。不仅如此，设计专家往往能看到更多微妙变化的色彩，每种色相的颜色通过明度、纯度的变化能塑造出丰富多彩的画面，而设计新手、生手则往往按照不同色相使用色彩，颜色纯度偏高，缺乏色阶变化。发生这样情况的主要原因可能在于，熟手设计师相关知识累积丰富，其长时记忆中的形式"组块"较多，故能识别出对象的更多细节；而新手、生手由于组块储存较少，原型"泛化"程度更大，只有剧烈变化的形式才能引起他们的注意。

　　第二，设计师一般会运用草图的形式来捕捉瞬间即逝，并且模糊不清的"灵感"，而不是貌似搁置的"沉思"的过程，这也许与设计师的创造性思维中以形象思维为主，具有直观性的特征有关。设计师的灵感常常是非连续的、跳跃的，需要运用速写、草图等工具迅速记录这些跳跃、闪动的创意之花，即使这些创意还很不成熟，或者最终根本就不可行。

　　第三，设计思维中的灵感思维也包含了艺术创造思维和科学创造思维的双重属性，一方面，设计师依据具体问题情境进行分析以制定设计目标、功

图 6-14　同一产品的两款方案，设计熟手能看到较多细节上的差别，而设计生手、新手则看上去相似性很高。

能设计、流程设计、交互过程设计，以及采用方案的细节完善设计这些阶段中，类似于科学、技术创造中的明确针对问题的求解活动，通常是在长期的酝酿、徘徊后的一种顿悟；而在赋予各种概念以具体形式、符号、图像的时候，又类似于艺术创作中的直觉，即设计师根据脑海中一个模糊的、似曾相识的意象出发，不断通过修正，补充获得最终的形象。前者基本是按照设计流程，连续的、线性推进的过程，后者则是一种非连续性的、跳跃的过程。此外，设计师本人的人格特征也导致其灵感思维特征各不相同，一般而言，那些创造力很强的设计大师，更接近艺术思维创造的过程；而一般的职业设计师，则较倾向于连续的第四，创造性的设计思维还表现出一种陌生化的特征，即"就使用者、欣赏者的视觉感受而言，使（设计）对象从其正常的感受领域移出，造成一种全新的感受"[1]。这一理论最早来自俄国学者舍克洛夫斯基对文学创作的分析，他认为文学中"艺术的设计是对象的陌生化设计，是制造形式的困难的设计，这是一种增加感觉难度与长度的设计"，艺术设计作为主要针对形式创新的创造性活动，就是要创作陌生化的形式，迫使人们将注意力移向设计物本身。

6.2 设计师个体心理

6.2.1 创造力

对于创造力的定义，学者们一般有三种定义的角度，首先，从创造力的结果入手。例如古希腊哲学家亚里士多德将"创造"定义为"产生前所未有的事物"。目前国内心理学界比较认同的一种定义也是从这一角度入手的，即根据一定目的和任务，运用一切已知信息，开展能动思维活动，产生出某种新颖、独特、有社会或个人价值的产品的智力品质（林崇德等，1984 年、1986 年、1990 年）。这里的产品不等同于工业设计中的产品，它包含有更加广阔的含义，它是"以某种形式存在的思维成果，它可以是一个新概念、新思想、新理论，也可以是一项新技术、新工艺、新产品"。这一定义接近于广义上设计的意义，即创造前所未有的、新颖而有益的东西，因此，从这个意义上说，设计即创造，设计能力也就是创造能力。艺术设计中的创造力相较广义设计的创造力有其特殊属性，即虽然艺术设计师有可能从用户的需要出发，在产品的功能或结构等方面作出一定的创造，但基本而言，主要还是针对设计对象的外观品质或视觉传达品质的创新。

---

1 李砚祖：《艺术设计概论》，湖北美术出版社，2000 年版，第 177 页。

第二，另外一些学者则认为要理解创造力的概念，必须从创造过程入手，美国学者阿恩海姆（1966）提出"创造力是个体认识、行动和意志的充分展开。"他认为"创造力中应该以超越感觉本身的一刹那的'顿悟'来定义"。在这个层面上，创造力被看作是创造性思维活动的全过程。

第三种对创造力的定义，则强调创造主体的素质。持这一理论的学者认为创造力是普遍存在的能力，但创造的产生受多种因素的影响和制约，因此以创造力的结果——新"产品"来定义创造力，岂非意味着那些没有进行创造活动、没有产生创造性产品的主体就没有创造力；并且，创造力表现在多种方面，正如马斯洛所说"煮一碗第一流的汤比画一幅次级的图画更有创造性。"只是其具有"一般"和"卓越"之分。R.Richards（1993 年）提出，如果个体具备有助于创造的个人特征，并且这些特征与创造动机、创造能力交互作用，参与认知、情感和行为活动的整合过程，那么这个个体就表现出与众不同的卓越创造力。

6.2.2　创造力的结构

对创造力的研究主要包括两个方面：静态结构和动态结构。静态结构主要是关于创造力的组成成分如何；动态结构主要是关于创造性思维的过程（参见上一节内容）。

创造力的静态结构理论最具代表性的是美国心理学家吉尔福德（J.P.Guilford）的理论，他认为创造才能与高智商是不同的两个概念，他通过因素分析法总结出了创造力的六个要素：

1. 敏感性（Sensitivity）：对问题的感受力，发现新问题，接受新事物的能力；

2. 流畅性（Fluency）：思维敏捷程度；

3. 灵活性（Flexibility）：较强的应变能力和适应性；

4. 独创性（Originality）：产生新思想的能力；

5. 重组能力或者称为再定义性（redefinition）：善于发现问题的多种解决方法；

6. 洞察性（penetration），即透过现象看本质的能力。

其中流畅性、灵活性与独创性是最重要的特性。

此类研究基本概括了创造活动对于主体的智力品质的要求，有力推动了当时的创造力的研究，但也存在着不足，它仅仅看到了创造力在认知方面特征，却忽视了创造力的整体性以及影响因素，特别是个性心理特征的作用，目前，人们越来越重视开始影响个体创造力的自身人格因素，如 EQ（情商）、动机等。

6.2.3 设计师人格与创造力

1. 创造力的影响因素

每个从事艺术设计职业的人都梦想成为设计大师——即最富有创造力的设计师，可是除了通过多年的专业训练和技能培养之外，究竟是什么造就了设计大师？总结多年的心理学研究，基本包括：

1）年龄：科学家莱曼通过对 244 名化学家的 993 件重要贡献出现的年龄的统计，发现科学家创造力最鼎盛的年龄是 30~40 岁之间，之后他又依次研究了物理学家、数学家、天文学家、发明家、诗人和作家，发现虽然不同学科的最佳创造年龄稍有差异，但总体在 35±4 岁。在与设计密切相关的两个方面——艺术和技术发明，莱曼统计知名油画家产生最优秀作品的年龄在 32~36 岁之间，罗斯曼统计 711 名发明家中，76.6% 在 35 岁前获得第一个专利，最活跃的年龄是 25~29 岁，而获得一生中最重要发明的年龄平均是 38.9 岁。

2）动机：动机是驱使人们进行创造性活动的动力，它影响了人们从事创作的积极性和执行力。

3）人格：也可以称为个性，即比较稳定的对个体特征性行为模式有影响的心理品质。近年来心理学家的研究越来越重视个体创造力水平的自身人格因素，认为它是创造力最重要组成部分。

4）兴趣：兴趣是一种认识趋向，可以激发人们进行创造的内在动机，增强其克服困难的信心和决心。

5）意志：意志是人自觉确定目标，并为了实现目标而支配自身行为，克服困难的心理过程。意志包括自制力、自觉性、果断性、坚持性等品质。

6）情绪：不同情绪对于创造力发挥的作用不同，激情能激发创造热情，提高创作效率；平静而放松的情绪有助于灵感的产生。并且，心理学家们的调查发现，多数天才型人物都具有忧郁气质，忧郁情绪的发泄是艺术创作的一大动力。

2. 设计师人格特征

心理学中对于人格比较学术的定义是：一系列复杂具有跨时间、跨情境特点的、对个性特征性行为模式（内隐的和外显的）有影响的独特的心理品质[1]。这个定义比较复杂，另外较为易于理解的定义，人格心理学创始人奥尔波特认

---

1 [美]理查德·格里格、菲利普·津巴多：《心理学与生活》，王垒、王甦译，人民邮电出版社，2003 年版，第 386 页。

为，"人格是个体内在心理物理系统中的动力组织，它决定人对环境适应的独特性"。"人格是个体在遗传素质的基础上，通过与后天环境的相互作用而形成的相对稳定的和独特的心理行为模式"[1]。

个性的定义多样，但是有三个方面是一致的，首先，它反映了个体的差异性，这一点导致不同个体即便面临完全一致的情境也不一定会做出完全一致的行为；其次，对于同一个体而言，人格具有相对的一致性和持久性，即个性一旦形成，就会在各种情境下呈现类似的行为模式，例如一个人的个性急躁，那么他在处理各种事情时都会表现比较急躁；第三，个性虽然比较稳定，但是也不是一成不变的，它同时受到先天遗传和后天环境的共同作用形成，在某些特殊情况下，人格特征也可能发生重大转变，例如遭受巨大打击或者生活情境发生重大变化等。

许多心理学家分别从不同领域展开创造力人格的研究，研究表明，非凡的创造者通常都具有独特的人格特征，但是不同类型、不同领域的创造者的人格特征也具有其独特性，其中几种典型的人格特征研究如下表所示：

表6-3　不同领域具有创造力的人的典型人格特征

职业类别	研究	人格特征概括
发明家	Rossman，1935年，对710位拥有多项专利品的发明者进行调查。	具有创新性、能自由接受新经验、有实践革新之态度、具独创性、善于分析。发明家对于自己成功的因素，多归因于毅力，其后依次为想象力、知识与记忆、经营能力以及创新力。
建筑家	唐纳德·麦金隆（Mackinnon，1965年、1978年）对于40位富创意的建筑家所作的研究。	有发明才能、具独创性、高智力、开放的经验、有责任感、敏感、具洞察力、流畅力、独立思考、碰到困难的建筑问题时能以创造性的方法来解决难题。
艺术家	Cross et al(1967年)、Bachtold & Wer-ner(1973年)、Amos(1978年)、Gotz(1979年)等人的研究。	内向、精力旺盛、不屈不挠的精神、焦虑、易有罪恶感、情绪不稳、多愁善感、内心紧张。
	弗兰克·贝伦（Frank Barron）对艺术学院学生的研究。	灵活、富有创造力、自发性、对个人风格的敏锐观察力，热情，富有开拓精神，易怒。
科学家	卡特尔1955年对物理学家、生物学家和心理学家的研究。	更加内向、聪明、刚强、自律、勇于创新、情绪稳定。
	Gough 1958年对45位科学研究者的研究。	较为聪慧、成熟、有冒险性、敏感、自我奔放、自负等。
作家	Cattell & Drevdahl(1958年)以卡氏十六种人格因素测验对作家进行研究。弗洛伊德1908年以精神分析法对于富创力的作家进行研究。	发现创造力与白日梦之间很相关。

1　郑雪主编：《人格心理学》，暨南大学出版社，第6页。

图 6-15　凡·高,《自画像》,典型的艺术家人格,其超凡的创造力也伴随着病态的精神状态。

图 6-16　达·芬奇,自画像,虽然同为艺术大师,达·芬奇也是一位伟大的科学家、设计师,其人格特征更接近设计师(建筑师)的人格特征。

而美国学者罗 (Roe) 通过于 1946、1953 年所做的关于几个领域的艺术家和科学家的研究,发现他们只有一个共同的特质,那就是努力以及长期工作的意愿。同样,罗斯曼(Rossman)对发明家人格的研究也发现他们具有"毅力"这一个性特征。其中,特别值得一提的,还有心理学家唐纳德·麦金隆 (Donald Mackinnon) 在 1965 年对建筑师人格特征进行研究 [1]。他认为建筑师具有艺术家和工程师的双重特征,同时还具有一点企业家的特征,最适合研究创造力。因此,他选择了三组被试,每组 40 人,其中第一组是极富创造力的建筑师,第二组是与上述 40 名建筑大师有两年以上联系或合作经验的建筑师,第三组是随机抽取的普通建筑设计师,通过专业评估,第二组的设计师的作品具有一定的创造性,而第三组的创造性比较低,研究发现三组的人格特征如下表所示:

表 6-4　三组建筑师的人格特征比较

	大师组	合作组	随机组
谦卑	低	中	高
人际关系	低	中	高
顺从	低	中	高
进取心	高	中	低
独立自主	高	中	低
	更加灵活,富有女性气质;更加敏锐;更富直觉,对复杂事物评价更高	注重效率和有成效的工作	强调职业规范和标准

1 [美]戴维·N.帕金斯:《人格与艺术创造力》,选自《艺术的心理世界》,中国人民大学出版社,2003 年版,第 249 页

　　建筑师作为艺术设计师中的典型，反映了设计师创造性人格的基本特性。

　　从其研究看来，当设计师从更高层次来要求自己的创作，那么，他们的人格特征往往更接近艺术家，表现出艺术家的典型创造性人格，我们可以将其称为"艺术的设计师"，在他们看来艺术设计是一门艺术，与其他纯艺术的创造没有根本的差别，因此他们受到某种内在的艺术标准的驱使，设计作品较为个性化，显得卓尔不凡，但有时并不一定能为大众所接受或者更加经济实用；另一个极端则是那些将艺术设计视为一门职业的设计师，他们比较注重实际条件和工作效率，但并不期望个性的表达或者做出经典之作，设计对他们而言更多是一种技能，这类设计师明显创造力不足，可以称为"工匠的设计师"。中间则是那些具有一定创造能力的设计师，他们的个性特征介于两者之间。

　　此外，设计师还需要具有一定发明家的创作性人格特征。例如沟通和交流能力、经营能力等，这些虽然对于艺术设计创意能力并没有直接影响，但是却能帮助设计师弄清目标人群的需求、甲方意志、市场需要等，间接帮助艺术设计师做出既具有艺术作品的优美品质，又能满足消费者、大众多层次需要的设计。

6.2.4 设计师 "天赋论"

　　创造力是设计师能力的核心，而另一方面，设计艺术的类似艺术创作的属性要求设计师具有较高艺术感受力，这些事实使得许多人产生了这样的看法，认为设计能力主要是一种天赋，只有某些人才可能具备的——即"设计师天赋论"，这种设计能力"天赋"究竟是否合理呢？

　　从理论上而言，天赋是个体与生俱来的解剖生理特点，尤其是神经系统的特点。这些特点来自先天遗传，也可以是从胚胎期就开始的早期发展条件所产生的结果。英国心理学家高尔顿19世纪时就通过族谱分析调查的方法，在《遗传的天才》一书中提出天赋在人的创造力发展中起着决定的作用。可是天赋条件虽然重要，但不应过分夸大它的作用，美国学者推孟（Terman）等人20世纪20年代起通过长达半个世纪的追踪观察，发现良好的天赋条件并不能确保成年后也能具有高度的创造力，他们认为最终表现出较高能力的人往往是那些有毅力、恒心的人。美国社会心理学家艾曼贝尔（T. Amabile）提出了创造力的三个成分：有关创造领域的技能、有关创造性的技能以及工作动机。

　　有关创造领域的技能，包括知识、经验、技能，以及该领域中的特殊天赋，它依赖于先天的认知能力，先天的思维能力、运动技能以及教育，这个部分是在特定领域中展开行动的基础，决定了一个人在解决特定问题、从事特定任务时的认知途径。

创造性的技能是个体运用创造性的能力，包括了认知风格，有助于激发创意、概念的思维方式——启发式知识，以及工作方式。这个部分的能力依赖于思维训练、创造性方法的学习和以往进行创造活动思维的经验，以及人格特征。

工作动机，主要包括工作态度，对从事工作的理解和满意度，这是一个变量，取决于对特定工作内部动机的初始水平、环境压力的存在或缺乏，以及个人面对压力的应对能力。

我们将以上理论运用于设计艺术实践中，可以将那些有益于从事艺术设计的能力分为三类：第一类，与艺术才能相关的感知能力，它表现为精细的观察力，对色彩、亮度、线条、形体的敏感度，高效的形象记忆能力、对复杂事物和不对称意象的偏爱，对于形象的联想和想象力等，这些通常是天赋的能力。第二类，主要是以创造性思维为核心的设计思维能力，它与先天的形象思维和记忆能力相关，但是可以通过系统的思维方法的训练，累积设计经验，以及运用适当的概念激发和组织方法使这一方面的能力得到显著提高。第三类是设计师的工作动机，美国心理学家布鲁姆(Bloom)的研究也发现，能在不同领域中获得成就的人通常具有三方面的共同特征：1）心甘情愿花费大量时间和努力；2）很强的好胜心；3）在相应领域中能够迅速学习和掌握新技术、新观念和新程序。前两条都说明了动机要素对于创造力的重要作用。因此，如果设计师单纯是在工作责任、职业压力的驱使下进行设计，那么只能到达前面"设计师人格和创造力"中提到的三类设计师中最一般设计师创造能力的级别；而那些设计大师的设计动机则更多的是一种发自内心的、通过设计活动获得满足的愿望。此外，如前面所论述的那样，某些遗传而来的人格特质对于从事设计工作是有益的，这一点也毋庸置疑的。遗传学的研究表明，几乎所有的人格特质都受遗传因素的影响[1]，的确某些人与生俱来的人格特质使其更适合于艺术设计的工作，例如较高的灵活性、好奇心、感受力、自信心、自我意识强烈等。

总体而言，成为艺术设计大师对于个体的天赋要求较高，需要相当的艺术感知能力，形象思维与逻辑思维得到完美配合的艺术设计思维能力，并且

1 [美]理查德·格里格、菲利普·津巴多：《心理学与生活》，王垒、王甦等译，人民邮电出版社，2003年版，第390页。

具有某些创造性人格特征。但天赋固然是一个优秀设计师成长的必要基础，但是后天形成的性格特质和工作动机却决定了天赋是否真正得以发挥和转化成现实创造。艺术设计师在既定的天赋基础上，如何能增进个人从事艺术设计活动的能力，取决于两个方面的因素：一是通过学习和训练进行设计思维能力的培养，提高创意能力；二是个人性格的培养和塑造，通过性格的磨砺以提高动机方面因素。

6.2.5 设计师的创造力培养与激发

创造力是一种心理现象，是人脑对客观现实的特定反映方式，而设计艺术心理学中创造力研究的主要目的就是帮助设计师充分挖掘和发挥其创造力，提高设计师的设计创意水平。设计师创造力的培养和激发包括两个方面的内容：一是设计师的设计思维能力的培养，主要侧重于培养设计师思维过程的流畅性、灵活性与独创性；二是通过某些组织方法激发创意的产生。

1. 设计师设计思维能力的培养

正如前面创造力的结构部分中所提到的，创造力与许多个人素质和能力密不可分。例如好奇心、勇敢、自主性、诚实等，因而，对设计师的培养中非常重要的一点就是要鼓励他们大胆地表达自己别出心裁的想法和批评性的意见。20世纪以来，现代主义使大批量、标准化的生产模式渗入人们生活、文化的方方面面，使整个社会形成了一种"协调统一"的氛围。典型的言论就是亨利·福特在降低汽车的价格，采用了标准化制造体系时声称的："消费者可以选择任何他们想要的颜色，只能要是黑色的。"他所指的是，通过减少色彩的差异，私人轿车的价格可以降到95美元，而代价就是消费者必须说服自己黑色是最合他们心意的颜色。美国学者拉塞尔·林斯对建筑中类似的现象提出批评："现今的建筑，无论造价如何昂贵，都像是盒子，或一系列连在一起的盒子。[1]"标准化带来了较高的生产效率，更大限度地满足消费者的需要，但同时长期受这样的氛围影响，学习设计专业的学生很可能已经缺乏创造性思维所需要的一些个人素质，虽然"限制"是设计的基点和出发点，但当设计师将自己的思维禁锢于各种限制时，则只能不断制造标准模式的派生物，设计应从问题出发，而非从固有模式（风格）出发。

因而，创造性培养的首要任务就是创造自由宽松的设计环境，解放设计师的思维，让他们大胆想象，让思维自由漫步。例如设计任务书中应尽可能

---

1 [美]保罗·福塞尔：《格调》，梁丽真等译，中国社会科学出版社，1998年版，第109页。

避免直接定义设计任务，而采用一种比较宽松的定义，这样有益于减少设计师的算子约束。比如说，"设计一种盛水的工具"，而不是说"设计一只水杯"；"设计一种可移动的、随身携带的个人通讯工具"，而不是说"设计一只手机"等。

其次，提高设计者的创造性人格。例如培养设计师的想象力、好奇心、冒险精神、对自己的信心、集中注意的能力等。

第三，培养设计者立体性的思维方式。立体的思维方式又称为横向复合性思维，它是强调思维的主体必须从各个方面、各个属性、全方面、综合、整体地考虑设计问题，围绕设计目标向周围散射展开。这样设计者的思维就不会被阻隔在某个角度，造成灵感的枯竭。

最后，培养设计者收集素材，使用资料和素材的能力，增强他们进行设计知识库的扩充和更新能力。

2. 创造力的组织方法培养

一些有效的组织方式已经被设计出来，它们能提高设计师的注意力、灵感和创造力的发挥。比较著名的方式有头脑风暴法（brain storming）、检查单法、类比模拟发明法、综合移植法、希望点列举法等。

头脑风暴法：也称"头脑激荡法"，由纽约广告公司的创始人之一 A. 奥斯本最早提出，即一组人员运用开会的方式将所有与会人员对某一问题的主意聚积起来以解决问题。实施这种方法时，禁止批评任何人所表达的思想，它的优点是小组讨论中，竞争的状态促使成员的创造力更容易得到激发。

检查单法：也称"提示法"或"检查提问法"，即把现有事物的要素进行分离，然后按照新的要求和目的加以重新组合或置换某些元素，对事物换一个角度来看。在工业设计中，主要变换的角度包括：

1）现有的产品的用途是否能扩大，例如手表是否能作为 MP3、照相机或手机。

2）现有产品是否能改变形状、颜色、材料、肌理、味道、制造工艺、内部结构、部件位置等。

3）现有产品的包装是否能得到改进。

4）现有产品是否能放大（缩小）体积、增加（减轻）重量。

5）现有产品是否能拆分、模块化，易于拆分、组装或者是否能组合起来，形成系列产品。

6）是否能用其他产品来代替它，例如用 PDA 代替笔记本、通讯录和手机。

7）颠倒过来会怎样，冷气机颠倒过来就出现了暖风机，而在变换角度，还可以得到换风扇。

类比模拟发明法：即运用某一事物作为类比对照得到有益的启发，这种方法对于以现有知识无法解决的难题特别有效，正如哲学家康德所说："每当理智缺乏可靠论证的思路时，类比这个方法往往能指引我们前进。[1]"这一方法在艺术设计早已广泛运用，常见的几种包括：

1）拟人类比：模仿人的生理特征、智能和动作。

2）仿生类比：模仿其他生物的各种特征和动作。例如设计中常用的"生态学设计"，就是从动物身上寻找设计的灵感。

3）原理类比：按照事物发生的原理推及其他事物，从而得到提示。比如世界上的事物往往对称出现，如果出现单个的现象，可以考虑是否还有与其相对的事物，或者 Windows 的桌面、图标设计就类比了一般办公桌的工作原理，电子邮件的发信模式也类比了普通信件的工作模式。

4）象征类比：使用能引起联想的样式或符号。比如汽车使人联想到"交通"、钱币使人联想到"银行"等。

综合移植法：就是应用或移植其他领域里发现的新原理或新技术[2]。例如"流线型"最初来源与空气动力学的实验研究，而由于它的流畅、柔和的曲线美，在 20 世纪三四十年成了风靡世界的一种流行设计风格，被广泛地运用在汽车、冰箱，甚至订书机上。

希望点列举法：将各种各样的梦想、希望、联想等一一列举，在轻松自由的环境下，无拘无束地展开讨论。例如在关于衣服的讨论中，参与者可能提出"我希望我的衣服能随着温度变薄变厚"、"我希望我的衣服能变色"、"我希望衣服不需要清洁也能保持干净"等。

3. 促进设计创造能力的性格特征

性格是一个人对现实的稳定态度以及与之相适应的习惯化的行为方式，人们的主导性格表现了他对于现实世界的基本态度，很大程度也决定了人们的行为。某些性格特征能对于设计师的天赋具有促进和保障的功能，具体如下：

1）勤奋

设计活动本身就是一项非常艰苦的、探索性的、长期性的工作，与纯艺术重于自我表现的特质相比，设计师需要不断探索、检验、修正、完善设计创意，一个新奇特别的设计创意是否能最终成为一项适宜的设计成品，需要长时间的

---

1 康德：《宇宙发展史概论》，上海人民出版社，1972 年版，第 147 页。

2 ［英］贝弗里奇，引自俞国良：《创造力心理学》，浙江人民出版社，1999 年版第 358 页。

辛勤工作，此外，勤奋使设计师的观察范围、经验累积、思维能力、想象能力、实现能力都能得到极大提高。

2）客观性

这一性格特征也是设计师区别于纯艺术创作者的重要方面，有学者这么说道："创造性的艺术家是一些不关心道德形象的放浪形骸者；而创造性的科学家则是象牙塔中冷静果断的居民。[1]"如果说这一归纳有一定的准确性，那么艺术设计师恰好介于两者之间。艺术设计师既不能像艺术家那样肆意宣泄个人情感，表达主观感受；也不能像科学家、工程师那样一丝不苟，在相对狭窄专一的领域中不断探索下去。也许只有创造才是艺术设计的唯一标准，人本主义心理学家马斯洛将那些在各行各业中作出独创性贡献的人称为"自我实现的人"，他指出"自我实现者可以比大多数人更为轻而易举地辨别新颖的、具体的、和独特的东西。其结果是，他们更多地生活在自然的真实世界中而非生活在一堆人造的概念、抽象物、期望、信仰和陈规当中。自我实现者更倾向于领悟实际的存在而不是他们自己或他们所属文化群的愿望、希望、恐惧、焦虑，以及理论或者信仰。赫伯特·米德非常透彻地将此称为'明净的眼睛'"[2]。明净的眼睛就是这里所说的客观性，用一种不偏不倚的眼光去审视周围的人和事物，这就是创造的真谛。总之，客观性既是设计师理性思维的集中显现，使设计师能够对自身及自己的设计进行客观评价，自我批评，完善设计创意，使创意与外在条件，如生产工艺、市场需求、人们的实际需求和审美取向等要素结合起来，纠正设计创意中不足的方面；同时客观性还能够帮助设计师更加跳出一般思维、习惯、常理的束缚，开拓思维，这也是设计师更好创造的重要条件。

3）意志力

意志力是人自觉确定目标，并为了实现目标而调节自身行为、克服困难、实现目标的能力。意志力可以体现为自觉性、果断性、坚持性和自制力等性格特征。意志力能帮助主体自觉地支配行为，在适当的时机当机立断，采取决定，并顽强不懈地克服困难完成预定目标。意志力包含两个方面，一方面是对行为的促进能力，另一方面则是对不利目标实现行为的克制能力。

4）兴趣

兴趣是影响天赋发挥的重要因素，它是人对事物的特殊认识倾向，使得认

---

1 [美]戴维·N.帕金斯：《人格与艺术创造力》，选自《艺术的心理世界》，第246页。
2 [美]马斯洛：《动机与人格》，许金声、程朝翔译，华夏出版社，1987年版，第180页。

识主体对于认识具有向往、满意、愉悦、兴奋等感受，能促使人们关注与目标相关的信息知识，积极认识事物，执行某些行为。兴趣对于任何职业的从业者的工作绩效都具有重要作用。设计师往往对于创造、艺术、问题求解等方面具有浓厚的兴趣，有时甚至那些没有受过正规艺术设计教育的人们，受强烈而持久的兴趣的驱使，也能做出很好的设计作品。古代的文人雅士为自己设计园林，布置居舍，设计家具设备都是出于对艺术化生活的热情和渴望；今天互联网上到处流传的许多 flash 动画，电脑图片也是这样一些业余设计师所创造出来的，因此说"人人都是艺术家"似乎略微有些夸张，而所谓"人人能做设计师"倒更合情合理。

6.3 设计师压力应对

6.3.1 设计师常见的职业压力

心理压力是个体面对不能处理而又破坏其生活和谐的刺激事件所表现的行为模式。心理压力的大小取决于个体对刺激事件的评估，刺激事件对个体的威胁越大，带给个体的心理压力也就越大。心理压力对个体而言并非总是负面效应，当心理压力在主体承受力的一定范围内时，它能促使主体集中注意，克服困难，是推动前进的助力；但是过度的心理压力会给主体带来身体上的不适，精神紧张、焦虑、苦闷、烦躁，长期还导致人们意志消沉，不思进取，逃避现实。

设计师压力是特指那些主要从事设计工作的人们所承受的与其职业相关的压力。设计师压力具有普遍性和特殊性，作为普通个体的设计师，与其他具有承受类似压力源的个体遭遇相似的压力，例如求学时设计专业的学生与其他专业学生一样承受课业压力、求职压力等，在职业生涯中与其他从业人员一样承受工作压力、经济压力，这里所着重阐述的是那些由于设计师职业的特性所带来的特殊压力，概括来说主要包括创意压力、竞标压力、更新压力。

1. 创意压力

设计是典型以出卖智慧为特征的职业，但设计创意却具有间断性、跳跃性的特征，换而言之，设计创意不是总能如期而至。正如前面章节中所分析那样，主体通常要在情绪放松、没有压力的状况下才能使创造力能达到最强，但设计作为商品开发、销售的重要环节，很大程度受到市场机制的制约，表现为设计师必须在比较有限的周期内产生尽可能多且高质量的创意和设计。紧迫的创作周期，以及设计转为现实产品之后的销售风险直接会对设计师带来巨大的精神压力，并且导致设计师很难处于一种放松的情绪下工作，这就是创意压力。

2. 竞标压力

设计师职业压力的最大来源莫过于设计投标中的方案竞争，而这又是设计师无法避免的压力。一方的胜利意味着其余方的失败，并且由于设计艺术的实用属性、经济属性使得设计创意往往与经济效益联系在一起，这样更加加重了设计师投标失败所带来的压力。设计师常有这样的体验，当若干设计创意同时展示出来接受评价的时候，他们感到非常紧张，一旦创意被采用，心中会充满喜悦和自豪。但不论多么优秀的设计师，仍可能在竞标中遭受挫折，并且有时接连的竞标失败以及由此带来的连带效应，例如收入降低、被上级责备、信心下降等都可能对艺术设计师造成巨大压力，而他们也无法像纯艺术家那样以"自我表现"和"曲高和寡"的梦想来支撑自己，很可能陷入情绪的低潮。

3. 更新压力

求新是人们的一种本能，从本源上来说，与人们不断进行新陈代谢的生物本质相关联，人们总不断需要新设计，一方面是由于通过技术改良或革新的设计能满足以往设计物所不能满足人们的特定需求；另一方面则可能与某些人不断追求刺激、新奇的本性相关，这一类人对于新奇东西具有一种狂热性，或者他们是传统文化的反叛者，或者他们是试图通过各种新的、更加时髦的商品以供给那些试图与一般大众拉开一定的社会距离的较上层的群体。作为设计艺术师而言，一方面，他们有义务配合科技越来越快的发展，为那些改良、革新的产品服务提供合适的外壳，使它们真正从实验室中走入日常生活；另一方面，设计师职业也如同社会学家布迪厄所说，是"新型文化媒介人"，他说："在媒体、设计、时尚、广告及'准知识分子'信息职业中的文化媒介人群，他们因为工作需要，必须从事符号商品的服务、生产、市场开发和传播。"承担着不断创造新的符号商品来满足追求与众不同的群体的需要，创造时尚，即便在技术没有更新的情况下，设计师也不得不需要通过更新样式以刺激消费者的需要，促进消费，毫不夸张地说，在消费社会中，商品通过设计所获得的价值有时甚至超出了它的使用价值。正是如此，这样设计师就像被套上了红色舞鞋的舞者那样，在时尚和趣味的舞台一刻不得停歇，他们需要不断提供新的设计来刺激消费，满足人们不断增强的个性化需要，并且为了保证其创意能力不致枯竭，还需要投入大量的时间和精力来更新自己的知识和体验，刺激自己的创造力。此外，对于设计师而言，每次所承接的设计任务并不类似，也许是手机、也许是冰箱，即便是同类的产品还可能是针对不同群体的设计，这都要求设计师必须不断根据项目学习相关的背景知识。以上所述，即设计师的更新压力。

设计师压力外显的典型现象就是所谓的"拖沓效应"，许多设计师存在这样的体验：当接受一个创意任务时，虽然希望能尽可能快地完成，但却不由自主拖沓到最后时限，通过通宵达旦的熬夜来完成设计。心理学中将人区分为两种：习惯上将事情拖后者——拖沓者，以及不这样做——非拖沓者。1986年心理学家 Lay 曾在学校中做过拖沓者与非拖沓者的健康状况进行比较研究，研究发现拖沓者在工作的最终阶段将承受很高的压力，健康状况改变幅度远大于不拖沓者。设计师的拖沓现象主要源于一种不断超越、不断完善的追求欲望，常感觉所做方案总也不够完美，因此他们往往倾向将工作拖到无法拖沓的时间底线，付出身心健康作为代价，因此许多人感叹设计师是青年人的行业。因此，设计师应有意识地克服这种所谓的"拖沓效应"，制定合适的阶段目标和时间计划，使自己在较为放松的情况下进行工作。

6.3.2 设计师的压力应对

压力应对是指主体有意识地采取方式来应付那些被感知为紧张或超出其以个人资源所能及的内在外在要求的过程。压力应对包括两种主要途径，第一是问题指向性应对，即直接通过指向压力源的行为改变压力源或者与它之间的关系，包括斗争、逃避、解决问题等；第二是情绪指向性应对，即通过自己的改变来缓解压力，而不去改变压力源，包括使用镇静药物、放松方法、自我暗示和自我想象、分散注意力等。

根据上述设计师职业所特有的压力，这里提供几条建议，以期能对设计师及学习设计的学生缓解压力有所帮助。

1. 建立宽松的外部环境。在心理学中，压力应对方式中有一种方式被称为社会支持，即他人提供一些资源，使承受压力的主体感受到他不是孤立的，而是在一个彼此联系且互相帮助的社会网络当中。社会支持所能提供的资源包括情感支持、物质支持（时间、金钱等）和信息支持（建议、咨询、反馈）。建立宽松的外部环境，即使设计师处于一种社会支持的网络中，能获得恰当的物质支持及及时的信息渠道和信息反馈，并能不时获得一定学习、交流、培训、工作的机会，在工作获得一定成效时能得到一定褒奖作为激励。通过对多位设计专业学生的观察，我们发现那些常常能获得老师正面评价的学生往往具有更强的自信心、更高的创意激情，这些都利于其创造性思维活动的展开。

在所有的外部环境条件中，设计师所处的设计团体的集体动力结构影响最大，设计师的所有职业活动都在这个集体中展开，并且竞争、投标等压力也最直接来自团体内部，因此，建立一个创造型集体是建立宽松外部环境的重要一环。创造型集体即能较好处理内部成员的冲突，并激发全部成员的活力，全力以赴攻克任务目标的团队。德国学者海纳特提出要提高集体创造力需要具备以下因素：社会动机、交流、接受、目标一致、培养角色、群体规范、自定型和他定型的突破与发展、集体气氛 [1]。他的理论可以作为建立一个创造型设计团队的基本依据。具体而言，在一个设计团队中，应建立起一种以合作和相互补充为基础的结构关系，大家为了共同的设计目标而努力；根据个体差异在设计任务中扮演不同的角色，例如用户研究分析、客户沟通、概念设计、细节设计等，使每个个体能够各尽所能；制定公正、公开的团体规范，协调矛盾，以克服成员之间的恶性竞争或内耗；建立温暖、友好的集体氛围，提供成员之间相互交流（包括上下级与平级）的机会，使每个成员获得接受。近年来，许多设计师及设计管理者都发现设计正成为一项批量化为人们提供新的符号产品的产业，社会对于"设计"的需求越来越大，设计流程中的分工也趋于细化，这样，如何建立一个创造型的设计团队是每个设计管理者都不容忽视的问题，同样也是建立宽松的设计师职业环境、缓解设计师压力的重要组成部分。

例如，以非凡创造力著称的 IDEO 设计公司在谈及他们成功的秘笈时写道："IDEO 致胜的不二法门——团队合作，我们让员工自行决定想要参与的工作室，从不硬性指派；因而是员工挑选领导人，而非一般用的由领导人挑选员工。"在创意团队中，他们采用集体讨论的方式，他们认为"动脑会议是 IDEO 的创意发电机，动脑会议除了讨论议题、激发创意外，更提供成员相互切磋琢磨的机会，促进组织的良性竞争" [2]。

2. 按照科学的设计流程工作，并运用适当的创意激发方法激发灵感，缓解创意压力。通常来说，标准和程序是与创意、创造力是相互对立的范畴，设计师的思维应如同平原上自由驰骋的野马般不受羁绊。但这里，作者着重所说的是如何能减轻设计师工作的压力，而最好的方式之一就是使用特定的、科学

---

1 参见 [德] 海纳特：《创造力》，陈钢林译，工人出版社，1986 年版，第 93 至 95 页。
2 Tom kelley/Jonathan Littman：《IDEA 物语——全球领导设计公司 IDEO 的秘笈》，徐锋志译，台北，北城图书有限公司，2002 年版，第 69、84 页。

的流程，适当的设计方法设计，这样虽然不见得能造就天才的设计大师以及传世的设计作品，但却保证以创造为职业的职业设计师能在任何条件下，比较顺利、稳定地做出适合的设计，类似于西蒙所说的"最满意的设计"。早在上世纪五六十年代，德国的乌尔姆学院就开始倡导"系统化设计"，运用科学技术和系统的设计方法设计适合工业生产的产品，虽然这些设计朴素简洁，与那些更像是艺术家作品般的设计相去甚远，但是这些设计以其朴素的、对功能性的合理、恰当的诠释体现了技术美学的特征。总之，运用科学的流程和方法进行设计，并非忽视设计中艺术性创造的重要作用，但它的确能在一定程度上帮助设计师在有限的时间、既定的条件下，得到合理的、符合满意原则的设计方案。

3. 从设计师个人而言，应有意识地自我调节心理状况，疏导压力。首先设计师应尽可能树立这样的理念，并在遭遇压力的时候进行有意识的自我暗示，即设计工作的目的固然是为了做出最好的设计作品，实现个人的价值，但工作的喜悦更在于享受过程的愉悦，创作冲动与其说为了求得结果，毋宁说为了享受寻求及发现更优方案的喜悦。其次，设计师应开拓视野，拓宽自己的知识结构，综合培养自身的思维能力，使形象思维和逻辑思维能力协调发展，留心身边的信息、刺激，不断更新知识和技能，提高个人的感受能力；排除思维定势的束缚，敢于对习惯性的事物提出质疑。第三，保证个人的身心健康也是缓解设计师压力的重要方面，设计师的工作常常具有阶段性忙碌的特点，创意阶段常要求设计师长时间集中注意力而得不到适当的放松和休息，多数设计师常常熬夜，饮食缺乏规律，有时为了达到一定的唤醒程度，还常吸烟等，生活习惯极不规律，长时间的这种典型的生活习惯会影响设计师的身心健康。因此，设计师应有意识地调节工作节奏，张弛有度，保证健康的身体，饱满的精神，以及对设计艺术创作的旺盛激情。最后，及时察觉自身压力累积的状况也是设计师自我压力应对的重要方面，压力累积到一定程度，人会感觉精神不振、失眠、记忆衰退、无法长时间集中注意力从事设计工作，一旦发生这些情况，设计师应注意调节个人的生活节奏，适当娱乐或放松自己，疏导压力。

一、 复习要点及主要概念

逻辑思维　形象思维　左右脑分工　顿悟　直觉　灵感思维　设计思维

创造力　创造力人格　天赋　设计师的职业压力　拖沓效应

二、 问题与讨论

1. 试论述逻辑思维与形象思维的区别和联系。

2. 结合你的设计过程，论述艺术思维和科学思维在设计思维中的表现。

3. 结合本章中介绍的创造力的理论和心理学研究，谈谈艺术设计师如何能提高创造力。

4. 作为设计师应该如何应对职业压力。

三、 推荐书目

钱学森主编:《关于思维科学》，上海人民出版社，1986 年版。

[德] 韦特海姆:《创造性思维》，林宗基译，教育科学出版社，1987 年版。

[奥] 弗洛伊德:《论创造力与无意识》，孙恺祥译，中国展望出版社，1986 年版。

[美] J. P. 吉尔福特:《创造性才能——它们的性质、用途与培养》,施良方、沈剑平等译，人民教育出版社，1991 年版。

[美] 保罗·拉索:《图解思考——建筑表现技法》(第 3 版)，刘宇光、郭建青译，中国建筑工业出版社，2002 年版。

[美] S. 阿瑞提:《创造的秘密》，钱岗南译，辽宁人民出版社，1987 年版。

附录
➤ *Appendix*

附件一　汽车造型情感体验研究实验过程和数据资料

一、实验对象

本实验选择 50 名大四学生作为被试，共收回有效问卷 48 份；被试者年龄均为 18~22 岁之间，男女比例为 26:22。

二、实验步骤

1. 选择 24 款不同造型的汽车作为实验材料（表 1），为了避免对色彩较显著的情绪体验干扰车型评价，汽车色彩均选择红色，采用相似的角度。

表 1 作为实验素材的汽车样本

2. 设计"情感体验量表"如表2所示。依据施洛伯格(H. Schlosberg, 1954年)描述情绪的三维度量表,(快乐—不快乐;注意—拒绝;唤醒—不唤醒)选择11组形容词,为了避免褒贬词义影响被试判断,同时选择"兴奋—安静"和"振奋—抑郁"两对褒义、贬义描述唤醒程度的词对作为相互映证的依据。

表2 情绪测试五点量表片段

	愉快	美好	喜欢	舒适	兴奋	振奋	活跃	有趣	安稳	恐慌	刺激
	5	5	5	5	5	5	5	5	5	5	5
	4	4	4	4	4	4	4	4	4	4	4
	3	3	3	3	3	3	3	3	3	3	3
	2	2	2	2	2	2	2	2	2	2	2
	1	1	1	1	1	1	1	1	1	1	1
	不愉快	丑陋	厌恶	不安	安静	抑郁	沉闷	单调	烦躁	平静	不刺激
	5	5	5	5	5	5	5	5	5	5	5
	4	4	4	4	4	4	4	4	4	4	4
	3	3	3	3	3	3	3	3	3	3	3
	2	2	2	2	2	2	2	2	2	2	2
	1	1	1	1	1	1	1	1	1	1	1
	不愉快	丑陋	厌恶	不安	安静	抑郁	沉闷	单调	烦躁	平静	不刺激

3. 通过计算机控制,以投影方式,每10秒一张依次呈现1-24号汽车图片,要求被试者看到图片后立刻不假思索地在量表上按照自己的体验填写问卷。如:最愉快的体验选"5"得2分,较愉快体验选"4"得1分,最不愉快选"1"减2分,较不愉快选"2"减1分。

4. 使用Excel软件将被试者情绪量表进行统计,得到表3

表 3 汽车情感体验量表统计

汽车序号	愉快 – 不愉快	美好 – 丑陋	喜欢 – 厌恶	舒适 – 不安	兴奋 – 安静	振奋 – 抑郁	活跃 – 沉闷	有趣 – 单调	安静 – 烦躁	恐慌 – 平静	刺激 – 不刺激
1	−9	−12	−30	−3	−35	−33	−32	−35	17	−67	−67
2	20	11	6	11	−13	−20	6	14	9	−53	−45
3	13	−3	17	−56	47	45	55	42	−54	20	71
4	60	50	46	44	23	14	38	57	35	−57	−32
5	33	34	30	45	18	15	0	−1	42	−47	−11
6	2	1	−14	10	−30	−27	−15	−26	18	−53	−52
7	9	9	1	−24	33	24	32	60	−3	5	36
8	−14	−22	−12	−26	11	−2	19	46	−24	12	28
9	36	28	27	30	31	30	40	33	16	−9	34
10	28	34	22	37	5	5	6	−6	34	−40	−20
11	−51	−54	−54	−54	−34	−46	−60	−75	−17	26	−25
12	47	51	41	8	62	61	68	70	4	11	63
13	−54	−53	−57	−31	−52	−54	−60	−69	−6	−46	−69
14	12	14	5	20	−12	−8	−6	0	7	−45	−46
15	−45	−49	−42	−59	2	−18	−22	−17	−26	31	16
16	10	11	21	21	31	31	28	3	30	−22	15
17	−1	−6	−13	2	−8	−9	−10	−17	−2	−29	−29
18	−12	−14	−7	−3	−8	−3	−2	−2	6	−7	−10
19	−5	−5	−9	11	−23	−22	−33	−33	24	−41	−52
20	−39	−44	−39	−18	−34	−39	−41	−52	−5	−38	−56
21	−25	−19	−17	−22	−5	−11	−7	−1	−12	−12	−3
22	14	11	7	26	2	1	−2	3	19	−35	−25
23	56	56	49	41	51	40	50	41	22	−18	25
24	37	43	40	57	27	23	24	11	49	−34	−12

5. 运用统计软件按照不同形容词维度绘制散点图表，对体验分值进行曲线拟合的比对。

6. 将汽车图片重新置入散点图中，对研究结论进行分析，提出总结。

三、实验说明

本实验样本人数不多，且构成较为单一，因此其研究结果不能作为最终定论，但实验数据能很好地验证假设，结果较为成功。整个实验过程和数据分析方法可作为采用定量方式地进行设计心理分析范式的一个示范。

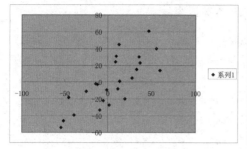 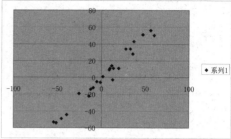

图1　汽车情感体验散点图　X坐标：不愉快-愉快；Y坐标：振奋-抑郁，散点主要分布于第一和第三区间，可见被试体验的"愉悦感"和"兴奋感"存在关联。

图1　汽车情感体验散点图　X坐标：不愉快-愉快；Y坐标：美好-丑陋，结果说明，不愉快-愉快体验与汽车造型的美好程度呈现较明显的正比关系。

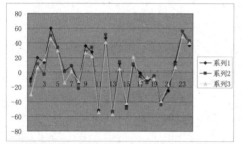 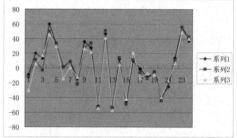

图2　愉快-不愉快（蓝色），美好-丑陋（粉色），喜欢-厌恶（黄色）三条曲线拟合比对，拟合度较高，可见评价较稳定有效。

图2　兴奋-安静（蓝色），振奋-抑郁（粉色），活跃-沉闷（黄色）三条曲线拟合比对，拟合度较高，可见评价稳定有效。

参考书目

[美] 唐纳德·A.诺曼:《设计心理学》,梅琼译,中信出版社,2003 年版。

[美] 唐纳德·A.诺曼:《情感化设计》,付秋芳、程进三译,电子工业出版社。

[美] 司马贺（赫伯特·A.西蒙）:《人工科学——复杂性面面观》,武夷山译,上海科技教育出版社,2004 年版。

李彬彬:《设计心理学》,中国轻工业出版社,2001 年版。

赵江洪编著:《设计心理学》,北京理工大学出版社,2004 年版。

李乐山:《工业设计心理学》,高等教育出版社,2004 年版。

阿恩海姆、霍兰、蔡尔德等:《艺术的心理世界》,周宪译,中国人民大学出版社,2003 年版。

[美] 理查德·格里格、菲利普·津巴多:《心理学与生活》,王垒、王甦译,人民邮电出版社,2003 年版。

[美] 威廉·詹姆斯:《心理学原理》,田平译,中国城市出版社,2003 年版。

[英] E. H. 贡布里希:《艺术与错觉》,林夕等译,湖南科学技术出版社,2000 版。

[英] E. H. 贡布里希:《秩序感——装饰艺术的心理学研究》,范景中、杨思梁等译,湖南科学技术出版社,1999 年版。

[美] L. R. 布洛克、H. E. 尤克尔:《奇妙的视错觉——欣赏与应用》,初景利、吴冬曼译,世界图书出版社,1992 年版。

[英] R. L. 格列高里:《视觉心理学》,彭聃龄、杨旻译,北京师范大学出版社,1986 年版。

[美] 卡洛琳·M.布鲁墨:《视觉原理》,张功钤译,北京大学出版社,1987 年版。

[美] 鲁道夫·阿恩海姆:《视觉思维——审美直觉心理学》,滕守尧译,四川人民出版社,1998 年版。

[美] 鲁道夫·阿恩海姆:《艺术与视知觉》,滕守尧等译,四川人民出版社,2001 年版。

[美] 司马贺（赫伯特·A.西蒙）:《人类的认知——思维的信息加工理论》,荆其诚、张厚粲译,科学出版社,1986 年版。

王甦、汪安圣:《认知心理学》,北京大学出版社,1992 年版。

[美] C. D. 威肯斯、J. G. 霍兰兹：《工程心理学与人的作业》，朱祖祥、葛列仲等译，华东师范大学出版社，2003 年版。

[美] Jakob Nielsen：《可用性工程》，刘正捷等译，机械工业出版社，2004 年版。

[美] 珍妮弗·普里斯、伊冯娜·罗歇、海伦·夏普：《交互设计——超越人机交互》，刘晓晖、张景等译，电子工业出版社，2003 年版。

[美]Marks s.Sanders、Ernest J. McCormick：《工程和设计中的人因学》（影印本），清华大学出版社，2002 年版。

[美] 尼古拉·尼葛洛庞帝：《数字化生存》，胡泳、范海燕译，海南出版社 1997 年版。

[美] K. T. 斯托曼：《情绪心理学》，张燕云译，辽宁人民出版社，1986 年版。

[苏] N. M. 雅科布松：《情感心理学》，黑龙江人民出版社，1988 年版。

孟昭兰：《人类情绪》，上海人民出版社，1989 年版。

[美] 苏珊·朗格：《情感与形式》，刘大基、傅志强等译，中国社会科学出版社，1986 年版。

[美] 苏珊·朗格：《艺术问题》，滕守尧译，中国社会科学出版社，1983 年版。

[法] 米克·巴尔：《叙述学: 叙事理论导论》，谭君强译，中国社会科学出版社，1995 年版。

[日] 藤沢英昭等：《色彩心理学》，成同社译，科学技术文献出版社，1989 年版。

[美] 威廉·荷加斯：《美的分析》，杨成寅译，人民美术出版社，1984 年版。

[德] 约翰内斯·伊顿：《色彩艺术》，杜定宇译，上海世界图书出版公司，1999 年版。

[俄] 瓦·康定斯基：《论艺术的精神》，查立译，中国社会科学出版社。

钱学森主编：《关于思维科学》，上海人民出版社，1986 年版。

[德] 韦特海姆：《创造性思维》，林宗基译，教育科学出版社，1987 年版。

[奥] 弗洛伊德：《论创造力与无意识》，孙恺祥译，中国展望出版社，1986 年版。

[美] J. P. 吉尔福特：《创造性才能——它们的性质、用途与培养》，施良方、沈剑平等译，人民教育出版社，1991 年版。

[美] 保罗·拉索：《图解思考—建筑表现技法》（第 3 版），刘宇光、郭建青译，中国建筑工业出版社，2002 年版。

[美] S. 阿瑞提：《创造的秘密》，钱岗南译，辽宁人民出版社，1987 年版。